药物制剂技术

专业入门手册

主编　鲍长丽

中国医药科技出版社

内 容 提 要

本书是天津生物工程职业技术学院组织编写的医药高等职业教育创新示范教材之一。本书分别对药物制剂技术专业相关行业有关职业的岗位职责、就业前景、发展空间及所应具备的条件进行了详尽的描述和实际分析。同时以简洁的文字介绍了药物制剂技术专业的知识技能体系框架，概括了药物制剂技术专业的基本学习方法和路线，为学生将来的学习及职业道路指明了方向。

图书在版编目（CIP）数据

药物制剂技术专业入门手册/鲍长丽主编 . —北京：中国医药科技出版社，2012.9

医药高等职业教育创新示范教材

ISBN 978 - 7 - 5067 - 5613 - 6

Ⅰ.①药…　Ⅱ.①鲍…　Ⅲ.①药物 - 制剂 - 技术 - 高等职业教育 - 教学参考资料　Ⅳ.①TQ460.6

中国版本图书馆 CIP 数据核字（2012）第 184191 号

美术编辑　陈君杞
版式设计　郭小平

出版　中国医药科技出版社
地址　北京市海淀区文慧园北路甲 22 号
邮编　100082
电话　发行：010 - 62227427　邮购：010 - 62236938
网址　www.cmstp.com
规格　710 × 1020mm $^1/_{16}$
印张　8 $^1/_4$
字数　106 千字
版次　2012 年 9 月第 1 版
印次　2012 年 9 月第 1 次印刷
印刷　北京金信诺印刷有限公司
经销　全国各地新华书店
书号　ISBN 978 - 7 - 5067 - 5613 - 6
定价　**25.00 元**

丛书编委会

刘晓松（天津生物工程职业技术学院　院长）

麻树文（天津生物工程职业技术学院　党委书记）

李榆梅（天津生物工程职业技术学院　副院长）

黄宇平（天津生物工程职业技术学院　教务处处长）

齐铁栓（天津市医药集团有限公司　人力资源部部长）

闫凤英（天津华立达生物工程有限公司　总经理）

闵　丽（天津瑞澄大药房连锁有限公司　总经理）

王蜀津（天津中新药业集团股份有限公司隆顺榕制药厂

　　　　人力资源部副部长）

本书编委会

主　　编　鲍长丽
编　　者　王玉姝（天津生物工程职业技术学院）
　　　　　刘洪利（天津生物工程职业技术学院）
　　　　　张　腾（天津生物工程职业技术学院）
　　　　　房　静（天津生物工程职业技术学院）
　　　　　彭翠莲（天津生物工程职业技术学院）
　　　　　鲍长丽（天津生物工程职业技术学院）

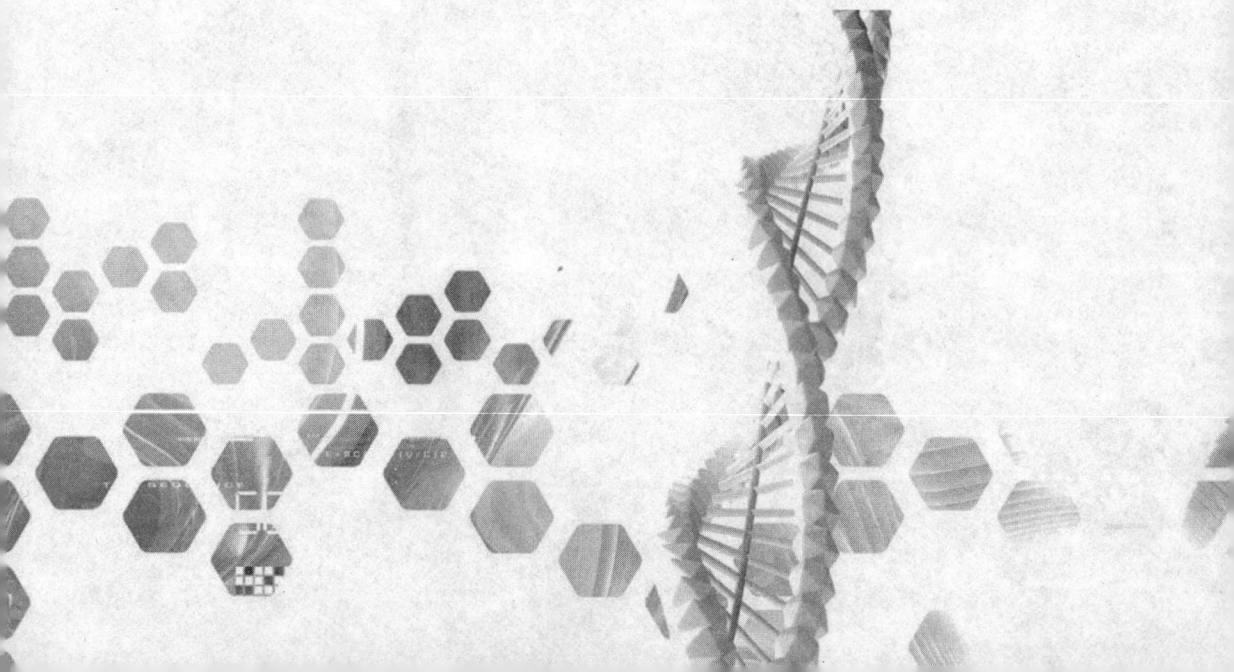

编写说明

　　为使学生入学后即能了解所学专业,热爱所学专业,在新生入学后进行专业入门教育十分必要。多年的教学实践证明,职业院校更需要强化对学生的职业素养教育,使学生熟悉医药行业基本要求,具备专业基本素质,毕业后即与就业岗位零距离对接,成为合格的医药行业准职业人。为此我们组织编写了"医药高等职业教育创新示范教材"。

　　本套校本教材共计 16 本,分为 3 类。专业入门教育类 11 本,行业公共基础类 3 本,行业指导类 2 本。专业入门教育类教材包括《化学制药技术专业入门手册》、《药物制剂技术专业入门手册》、《药品质量检测技术专业入门手册》、《化工设备维修技术专业入门手册》、《中药制药技术专业入门手册》、《中药专业入门手册》、《现代中药技术专业入门手册》、《药品经营与管理专业入门手册》、《医药物流管理专业入门手册》、《生物制药技术专业入门手册》和《生物实验技术专业入门手册》,以上 11 门教材分别由专业带头人主编。

　　行业公共基础类教材包括《医药行业法律与法规》、《医药行业卫生学基础》和《医药行业安全规范》,分别由实训中心主任和系主任主编。

　　行业指导类教材包括《医药行业职业道德与就业指导》和《医药行业社会实践指导手册》,由长期承担学生职业道德指导和社会实践指导的系书记和学生处主任主编。

　　在本套教材编写过程中,我院组织作者深入与本专业对口的医药行业重点企业进行调研,熟悉调研企业的重点岗位及工作任务,深入了解各专业所覆盖工作岗位的全部生产过程,分析岗位(群)职业要求,总结履行岗位职责应具备的综合能力。因此,本套校本教材体现了教学过程的实践性、开放性和职业性。

本套教材突出以能力为本位，以学生为主体，强调"教、学、做"一体，体现了职业教育面向社会、面向行业、面向企业的办学思想。对深化医药类职业院校教育教学改革，促进职业教育教学与生产实践、技术推广紧密结合，加强学生职业技能的培养，加快为医药行业培养更多、更优秀的高端技能型专门人才都起到了推动作用。

本套教材适用于医药类高职高专教育院校和医药行业职工培训使用。

由于作者水平有限，书中难免有不妥之处，敬请读者批评指正。

天津生物工程职业技术学院
2012 年 6 月

目 录
Contents

模块一　准备好，现在就出发

任务一　微笑迎接挑战，做一名有职业道德的医药人

一、你是一名大学生

大学是国家高等教育的学府，是综合性地提供教学和研究条件及授权颁发学位的高等教育机关。大学通常被人们用来比作描述新娘美丽颈项的象牙塔（Ivory tower）；是与世隔绝的梦幻境地，这里是一个不同寻常、丰富多彩的小世界，充满着各种各样的机遇。众多的课外活动、体育活动、社会活动的经历将会对你们当中的很多人产生重大影响。希望你在这里度过一段人生中非常特别的时光——这就是你的大学。

请千万记住，无论你在大学中经历了什么，都归属于学习的过程。课堂的知识帮你累积学识和技能、课余的生活帮你提高综合素质、宿舍和班级内的相处帮你提升人际交往的能力、社会实践活动拓展你的视野……这所有的一切就是你们学习的时刻，是你们接触各种思想观念的时刻。这些思想观念与你们过去和将来接触到的不一定相同，这样的体验或许只在你一生中的这段时光里才会经历到。因此，当你遇到欢欣愉悦的事情时，请记住微笑，把你明媚的心情和收获与你的同伴分享，这会让你的幸福感加倍；当你遇到困难和挫折时，请记住以微笑展示你的坚强和乐观，别忘记也把你的落寞和忿忿不平向知己好友倾诉，这会帮你尽快抚平创伤。

今天，你走进了大学校园，你是一名大学生；你将如何在这"小天地"度过你的大学生活，你又将在哪些方面有所长进，下面的内容或许能

使你眼前一亮。

1. 专业

没有垃圾专业，只有垃圾学生。大学是一种文化与精神凝聚的场所。很多学生学到了皮毛却没有学到内涵。专业不是你能学到什么，而是你有没有学会怎么学到东西。专业的价值在于你能往脑袋里装多少东西。很多学生认为自己分数高就是专业扎实。但是进入单位后，你会发现这个根本没有用！分数高代表你的考试技能高，不代表你的专业扎实。高分不一定低能，也不一定高能；两者没有必然联系。

2. 社团

外国大学的社团当然锻炼人，组织活动，拉赞助，协调人际关系，然后还有很多时候要选择项目维持社团运作，完整的一个公司模式。我国大学的社团也不是一无是处。你可以学到一些沟通能力，而且社团更像一个微型的社会，你该怎么周旋？你该怎么适应？其间你要学会怎么正视别人的白眼儿，学会怎么调节好自己的利益和别人之间的关系。

3. 技能

（1）硬件

①英语 毕业后你怎么活下去还是看你的真本事。英语口语、写作是非常重要的；毕竟金山词霸还能在你翻译的时候帮你一把，可是口语交流你总不能捧个文曲星吧？抱怨的时间多看看剑桥的商务英语，有用，谁看谁知道。

②专业 专业是立身之本，在企业中，过硬的专业素质是你的立身之本。你有知识才能有发展，就算转行，将来也将有很大的优势。

还是那句话，专业的人不是头脑里有多少知识的人，而是手头工作的专业与自己所学专业不符合的人，能不能很快上手，能不能很快有自己的见解。

（2）软件

①心态 心平气和地做好手头的工作，你必然会有好结果的。态度决定一切！

②知识 不是专业知识涉猎不一定专，但一定要广！多看看其他方面

的书，金融、财会、进出口、税务、法律等等，为以后做一些积累，以后的用处会更大！会少交许多学费！

（3）思维 务必培养自己多方面的能力，包括管理、亲和力、察言观色能力、公关能力等，要成为综合素质的高手，则前途无量！技术以外的技能才是更重要的本事！从古到今，国内国外，一律如此！

（4）人脉 多交朋友！不要只和你一样的人交往，认为有共同语言，其实更重要的是和其他类型的人交往，了解他们的经历、思维习惯、爱好，学习他们处理问题的模式，了解社会各个角落的现象和问题，这是以后发展的巨大本钱。

（5）修身 要学会善于推销自己！不仅要能干，还要能说、能写，善于利用一切机会推销自己，树立自己的品牌形象。要创造条件让别人了解自己，不然老板怎么知道你能干？外面的投资人怎么相信你？

最后的最后，永远别忘记对自己说——我是一名大学生，我终将战胜这些，走向光明未来。

二、挑战大学新生常见问题

高中和大学的区别：

高中事情父母包办；大学住校凡事要自己解决。

高中有事班主任通知；大学有事要自己看通知。

高中父母是你的守护者；大学在外你是自己的天使。

高中衣来伸手、饭来张口；大学要自力更生、丰衣足食。

1. 初入大学的迷惘

（1）大一新生的困惑 对你来说，可能期待大学生活是辉煌灿烂的一个阶段，渴望多姿多彩的校园生活令你终身难以忘怀。然而，当大学生活初步被安顿下来，开始了正常的学习生活之后，最初的惊奇与激情逐渐逝去，大学新生要面临的是一段艰难的心理适应期。

案例："刚上大学时远离了父母，远离了昔日的朋友，我的心底非常迷惘、非常伤感。新同学的陌生更增加了我心底那份化不开的孤独。每天背着书包奔波在校园中，独自品味着生活的白开水。"一位大学新生在接受心理辅导时如是说。

（2）为什么大学新生容易产生适应困难

① 新环境中知音难觅　与大学里面的新同学接触时，总习惯拿高中时的好友为标准来加以衡量。由于有老朋友的存在，常常会觉得新面孔不太合意。

在高中阶段，上大学几乎是所有高中生最迫切的目标，在这个统一的目标下，找到志同道合的朋友很容易。但是进入大学以后，各人的目标和志向会发生很大的变化，要找到一个在某一方面有共同追求的朋友，就需要较长时间的努力。

② 中心地位的失落　全国各地的同学汇集一堂，相比之下，很多新生会发现自己显得比较平常，成绩比自己更优异的同学比比皆是。

这一突然的变化使一些新生措手不及，无法接受理想自我和现实自我之间的巨大差距，一种失落感便袭上心头。

③ 强烈的自卑感　某些男同学可能会因为身材矮小而自卑，某些女同学可能因长相不佳而自卑；还有一些来自农村或小城镇的同学，与来自大城市的同学相比，往往会觉得自己见识浅，没有特长，从而产生自卑感。

2. 环境适应

（1）适应新的校园环境　首先要尽快熟悉校园的"地形"。这样，在办理各种手续、解决各种问题的时候就会比别人更顺利、更节省时间。

其次，在班级中担任一定的工作，也能帮助你尽快适应校园生活。这样与老师、同学接触得越多，掌握的信息越多，锻炼的机会也越多，能力提高很快，自信心也就逐渐建立起来了。

（2）适应校园中的人际环境　你来到大学校园，最有可能面临的情况如下。

① 多人共享一间宿舍　你们会出现就寝、起床时间的差异，个人卫生要求，习惯的差异，对物品爱惜程度的差异等等。在宿舍生活，就是一个五湖四海的融合的过程，意味着你们要彼此适应，互相理解、互相包容。

建议在符合学校相关管理制度的基础上，制定一个宿舍公约，这样将便于寝室内所有人更好、更舒适的生活。

② 饮食的差异　食堂的饭菜可能和你家乡的饮食有所差别，你的味蕾、你的胃都要去适应。在外就餐要注意饮食健康。

③ 可支配生活费的差异　面对同学们之间支配金钱能力的差异，要摆正心态，树立简朴生活的观念，做到勤俭节约，合理安排生活费，保证学习的有效进行。并学会自立、自强，学习理财，如有需要可向生源地申请助学贷款、向学校申请国家奖助学金及各类社会助学金等。

（3）适应校园外的社会环境　离开家乡到异地求学，意味着踏入一个不同的社会环境，怎样搭乘公共汽车、怎样向别人问路、怎样上商店买东西、怎样和小商贩讨价还价都要逐步熟悉。了解适应社会环境都有哪些形式，总的来说，适应社会环境有两种形式：一种是改造社会环境，使环境合乎我们的要求；另一种形式是改造我们自己，去适应环境的要求。无论哪种形式，最后都要达到环境与我们自身的和谐一致。

3. 生活适应

（1）培养生活自理能力

案例：某女大学生在考入理想的大学后，从小城市到大城市，从温暖、充满母爱的小家庭到校园中的大家庭，完全不能适应。她说："洗澡要排队，衣服要自己洗，食堂的饭菜又难以下咽……"为此天天给家里打长途电话诉苦。电话里的哭声让母亲揪心，于是母亲只好请假租房陪女儿读书。

从离不开父母的家庭生活到事事完全自理的大学生活，一切都要从头学起。从某种意义上说，这是一种真正的生活独立性的训练。

（2）培养良好的生活习惯　生活习惯代表着个人的生活方式。良好的生活习惯不仅能促进个人的身心健康，而且也能对人的未来发展有间接的作用。

① 要合理地安排作息时间，形成良好的作息制度。因为有规律的生活能使大脑和神经系统的兴奋和抑制交替进行，天长日久，能在大脑皮质上形成动力定型，这对促进身心健康是非常有利的。

② 要进行适当的体育锻炼和文娱活动。学习之余参加一些文体活动，不但可以缓解刻板紧张的生活，还可以放松心情、增加生活乐趣，反而有

助于提高学习效率。

③ 要保证合理的营养供应，养成良好的饮食习惯。

④ 要改正或防止吸烟、酗酒、沉溺于电子游戏等不良的生活习惯。

（3）安排好课余时间　大学校园除了日常的教学活动之外，还有各种各样的讲座、讨论会、学术报告、文娱活动、社团活动、公关活动等等。这些活动对于大学新生来说，的确是令人眼花缭乱，对于如何安排课余时间，大学新生常常心中没谱。如果完全按照兴趣，随意性太大，很难有效地利用高校的有利环境和资源。

应该了解自己近期内要达到哪些目标，长远目标是什么，自己最迫切需要的是什么，各种活动对自己发展的意义又有多大等等。然后做出最好的时间安排，并且在执行计划中不断地修正和发展。

丰富的课余生活不只会增添人生乐趣，也有利于建立自信心，增强社会适应能力。

4. 学习适应

（1）大学新生容易产生学习动机不足的现象　相当一部分大学生身上不同程度地存在着学习动力不足的问题。上大学前后的"动机落差"，自我控制能力差，缺乏远大的理想，没有树立正确的人生观，都是导致大学新生学习动机不足的重要原因。

（2）适应校园的学习气氛　大学里面的学习气氛是外松内紧的。和中学相比，在大学里很少有人监督你，很少有人主动指导你；这里没有人给你制订具体的学习目标，考试一般不公布分数、不排红榜……

但这里绝不是没有竞争。每个人都在独立地面对学业；每个人都该有自己设定的目标；每个人都在和自己的昨天比，和自己的潜能比，也暗暗地与别人比。

（3）调整学习方法　进入大学后，以教师为主导的教学模式变成了以学生为主导的自学模式。教师在课堂讲授知识后，学生不仅要消化理解课堂上学习的内容，而且还要大量阅读相关方面的书籍和文献资料，逐渐地从"要我学"向"我要学"转变，不采用题海战术和死记硬背的方法，提倡生动活泼地学习，提倡勤于思考。可以说，自学能力的高低成为影响学业成绩的最重要因素。从旧的学习方法向新的学习方法过渡，这是每个大学新生都必须经历的过程。

（4）适应专业学习　对专业课的学习应目标明确具体，主动克服各种学习困难，不断提高学习兴趣；对待公共课，要认识到其实用的价值，努力把对公共课的间接兴趣转化为直接学习兴趣；对选修课的学习，应注意克服仅仅停留在浅层的了解和获知的现象。

（5）适应学习科目　中学阶段，我们一般只学习十门左右的课程，而且有两年时间都把精力砸到高考科目上了，老师主要讲授一般性的基础知识。而大学三年需要学习的课程在30门左右，每一个学期学习的课程都不相同，内容多，学习任务远比中学重得多。大学一年级主要学习公共课程和专业基础课，大学二年级主要学习专业课和专业技能课程以及选修课，大学三年级重点进行专业实习以及顶岗实习。

（6）适应自主学习　中学里，经常有老师占用自习课，让同学们非常苦恼，大学里这种情况几乎不存在了。因为大学里课堂讲授相对减少，自学时间大量增加。同时，大学为学生学习提供了非常好的环境，有藏书丰富的图书馆，有设备先进的实验室，有丰富多彩的课外活动及社团活动。

（7）明确技能要求　在中学时期，学习的内容就是语文数学外语等高考科目，到了大学阶段，我们学习的内容转变技能为主，强调动手能力，加强技能学习与训练。

三、职业素养

你是一名大学生，三年后你将进入工作岗位。具备了应有的职业素养，工作生活你会得心应手。职业素养是指职业内在的规范和要求，是在工作过程中表现出来的综合品质，包含职业道德、职业技能、职业行为、职业作风和职业意识等方面。职业素养是人类在社会活动中需要遵守的行为规范。个体行为的总和构成了自身的职业素养，职业素养是内涵，个体行为是外在表象。职业素养是一个人职业生涯成败的关键因素。职业素养量化而成"职商"（career quotient，简称CQ）。也可以说一生成败看职商。

为了顺应知识经济时代社会竞争激烈、人际交往频繁、工作压力大等特点的要求，每个劳动者应具备以下几种基本的职业素养。

1. 思想道德素质

近年来，用人单位对大学生的思想道德素质越来越重视，他们认为思想道德素质高的学生不仅用起来放心，而且有利于本单位文化的发展和进步。思想是行动的先导，而道德是立身之本，很难想象一个思想道德素质差的人能够在工作中赢得别人充分的信任和良好的合作。毕竟人是社会的人，在企业的工作中更是如此。所以，企业在选拔录用毕业生时，对思想道德素质都会很在意。虽然这种素质很难准确测量，但是人的思想道德素质会体现在人的一言一行中，这也是面试的主要目的之一。

2. 事业心和责任感

事业心是指干一番事业的决心。有事业心的人目光远大、心胸开阔，能克服常人难以克服的困难而成为社会上的佼佼者。责任感就是要求把个人利益同国家和社会的发展紧密联系起来，树立强烈的历史使命感和社会责任感。拥有较强的事业心和责任感的大学生才能与单位同甘苦、共患难，才能将自己的知识和才能充分发挥出来，从而创造出效益。

3. 职业道德

职业道德体现在每一个具体职业中，任何一个具体职业都有本行业的规范，这些规范的形成是人们对职业活动的客观要求。从业者必须对社会承担必要的职责，遵守职业道德，敬业、勤业。具体来说，就是热爱本职工作，恪尽职守，讲究职业信誉，刻苦钻研本职业务，对技术和专业精益求精。在今天，敬业勤业更具有新的、丰富的内涵和标准。不计较个人得失、全心全意为人民服务、勤奋开拓、求实创新等，都是新时代对大学毕业生职业道德的要求。缺乏职业道德的大学生不可能在工作中尽心尽力，更谈不上有所作为；相反，大学毕业生如果拥有崇高的职业道德，不断努力，那么在任何职业上都会做出贡献，服务社会的同时体现个人价值。

4. 专业基础

随着科学技术的迅速发展，社会化大生产不断壮大，现代职业对从业人员专业基础的要求越来越高，专业化的倾向越来越明显。"万金油"式的人才已经不能满足市场的需求，只有拥有"一专多能"才能在求职过程中取胜。大学毕业生应该拥有宽厚扎实的基础知识和广博精深的专业知识。基础知识、基本理论是知识结构的根基。拥有宽厚扎实的基础知识，才能有持续学习和发展的基础和动力。专业知识是知识结构的核心部分，大学生要对自己所从事专业的知识和技术精益求精，对学科的历史、现状和发展趋势有较深的认识和系统的了解，并善于将其所学的专业和其他相关知识领域紧密联系起来。

5. 学习能力

现代社会科学技术飞速发展，一日千里。只有基础牢，会学习，善于汲取新知识、新经验，不断在各方面完善自己，才能跟上时代的步伐。有研究观点认为，一个大学毕业生在学校获得的知识只占一生工作所需知识的 10%，其余需在毕业后的继续学习中不断获取。

6. 人际交往能力

人际交往能力就是与人相处的能力。随着社会分工的日益精细以及个人能力的限制，单打独斗已经很难完成工作任务，人际间的合作与沟通已必不可少。大学毕业生应该积极主动地参与人际交往，做到诚实守信、以诚待人，同时努力培养团队协作精神，这样才能逐步提高自己的人际交往能力。

7. 吃苦精神

用人单位认为近年来所招大学生最缺乏的素质是实干精神。现在的大学生最大的弱点是怕吃苦，缺乏实干的奋斗精神。但凡有所成就的人，无一不是通过艰苦创业而成才的。作为当代大学生，我们应从平时小事做起，努力培养吃苦耐劳的创业精神。

8. 创新精神

现代社会日新月异，我们不能墨守成规。在市场经济条件下，各企业都要参与激烈的市场竞争。用人单位迫切需要大学生运用创新精神和专业知识来帮助他们改造技术，加强企业管理，使产品不断更新和发展，给企业带来新的活力。信息时代是物资极弱的时代，非物资需求成为人类的重要需求，信息网络的全球架构使人类生活的秩序和结构发生根本变化。人才，尤其是信息时代的人才，更需要创新精神。

9. 身体素质

现代社会生活节奏快，工作压力大，没有健康的体魄很难适应。用人单位都希望自己的员工能健康地为单位多做贡献，而不希望看到他们经常请病假。身体有疾病的员工不但会耽误自己的工作，还有可能对单位的其他同事造成影响。用人单位和大学生签订协议书之前，都会要求大学生提交身体检查报告，如果身体不健康，即使其他方面非常优秀，也会被拒之门外。

10. 健康的心理

健康的心理是一个人事业能否取得成功的关键，它是指自我意识的健全，情绪控制的适度，人际关系的和谐及对挫折的承受能力。心理素质好的人能以旺盛的精力、积极乐观的心态处理好各种关系，主动适应环境的变化；心理素质差的人则经常处于忧愁困苦中，不能很好地适应环境，最终影响了工作甚至带来身体上的疾病。大学毕业生在走出校园以后，会遇到更加复杂的人际关系，更为沉重的工作压力，这都需要大学毕业生很好地进行自我调适以适应社会。

总的来说，大学生应具备的职业意识包括：市场意识、创新意识、合作意识、服务意识、法律意识、竞争意识、创业意识。而大学生应具备的的职业能力又包括以下几个方面：终身学习能力、人际沟通能力、开发创造能力、协调沟通能力、语言表达能力、组织管理能力、判断决策能力、职场人格魅力、信息处理能力、应变处理能力。

四、医药人，我有我要求

药学事业是一项解除患者痛苦，促进人体健康的高尚职业。药学工作人员要以科学的"求真"态度对待药学实践活动。任何马虎或弄虚作假的行为都有可能危害人们的生命健康，甚至造成极为严重的后果。因此，药学工作者要时时以专业知识、技能和良知，尽心尽职尽责为患者及公众提供药品和药学服务。

药学科研的职业道德要求：①忠诚事业，献身药学；②实事求是，一丝不苟；③尊重同仁，团结协作；④以德为先，尊重生命。

药品生产的职业道德要求：①保证生产，社会效益与经济效益并重；②质量第一，自觉遵守规范（GMP）；③保护环境，保护药品生产者的健康；④规范包装，如实宣传；⑤依法促销，诚信推广。

药品经营的职业道德要求：①药品批发的道德要求——规范采购，维护质量，热情周到，服务客户；②药品零售的道德要求——诚实守信、确保销售质量，指导用药，做好药学服务。

医院药学工作的职业道德要求：①合法采购，规范进药；②精心调剂，热心服务；③精益求精，确保质量；④维护患者利益，提高生活质量。

作为即将成走上工作岗位的学生，除了应具有一般劳动者的职业素养外，在以下几个方面更应该加强和提升。

1. 思想道德素质

药学职业道德是社会主义道德体系的重要组成部分，是人们在药学职业实践活动中形成的行为规范。药品的质量和正确使用关系着人民的健康和生命，一丝一毫的出入便可造成巨大的隐患或灾难。近年来，出现的一些药品质量及假药劣药问题有相当一部分都是由于从业人员没有来良好的职业道德素质。在当前经济大潮的影响下，各类经销商利用不正当的促销手段造成了药品市场结构不合理，药品滥用现象，给患者身体健康及经济方面造成很大损失。还有个别药品生产企业盲目追求经济效益，忽视药品的质量问题，而药品质量的好坏直接关系着人民群众的生命安全。药学类专业的毕业生将担负着维护人们身体健康的特殊使命，与人的生命、生活质量有着重要的关系，影响着社会的发展和安稳。而作为药学从业人员应该具有良好的职业道德，树立处处以病人为中心的服务思想，坚持原则，使药品生产、经营流通良性运行。因此，加强药学专业学生的思想道德素质建设是重中之重。

2. 专业素质

专业素质包括专业理论知识和实际操作能力。专业素质是学生必须具备的素质，是基础，在今后的工作中起到至关重要的作用。学生只有扎实地掌握了专业知识和技能，才能在药品生产和实践中发挥自己的作用，真正为人民的健康和生命服务。

3. 责任心

药品质量一旦出了问题就是危害人民身体健康的大事。因此，每个药物制剂技术专业的学生应该时刻提醒自己身上担负的责任，把个人利益同国家和社会的发展紧密联系起来，为了人民的用药安全与合理，一定要保有一颗超强的责任心。不允许有玩忽职守，松懈大意的情况出现。

4. 创新意识

有了创新意识，才能推动科学技术不断向前发展，医药卫生事业才能有更广阔的发展和服务空间。新药的发现和改进，以及新的给药途径及使用方法的出现，无不凝聚着无数药学研发人员的汗水和努力。

5. 团队合作能力

团队意识是现代人必不可少的素质。在信息化、产业化时代，团队意识对于个人以及整个社会的发展起着至关重要的作用。药学事业是综合的社会主义事业，它需要的是所有从业者的共同努力，不断推动其向前发展。同时也是一代又一代人的共同的事业。

五、新的起点，开启新的人生

进入大学学习是人生新的开始。有调查结果显示：近79.3%的大学毕业生对职业生涯心理准备不足，缺乏明确的职业生涯发展目标，具体反映在他们选择职业时的茫然与困惑。为了使大学学习与职业发展更好地衔接，大学生在大学学习期间应该注重能力的自我培养和身心素养的提升。

1. 制订科学的专业学习计划

通常个人的专业学习计划应当包括以下三方面的内容：

（1）明确的专业学习目标　也就是学生通过专业学习达到预期的结果，在专业基本理论、基本知识和基本技能方面达到的水平，在专业能力方面和实际应用方面达到的目标。

（2）进程表　即学习时间和学习进度安排表，包括三个层次。一是总体学习时间和学习进度安排表，即大学期间如何安排专业学习进程。一般地，高职层次的专业学习进程指导原则是第一年打基础，即学习从事多种职业能力通用的课程和继续学习必需的课程；第二年学习专业基础课程及专业技能课程；第三年是综合实训、实习课程。二是学期进程表，把一个学期的全部时间分成三个部分：学习时间、复习时间、考试时间。分别在三个时间段内制订不同的学习进程表。三是课程进度表，是学生在每门课程中投入的时间和精力的体现。

（3）完成计划的方法和措施　主要指学习方式。学习方式的选择需要考虑的因素：学习基础、学习能力、学习习惯、学科性质、学校能够提供的支持服务、学生能够保证的学习时间等，还要遵循学习心理活动特点和学习规律以及个人的生理规律等。

2. 科学合理的专业学习计划要求

（1）全面合理　计划中除了有专业学习时间外，还应有学习其他知识的时间。也就是要有合理的知识结构。知识结构决定着能力，不同的知识结构预示着能否胜任不同性质的工作。随着科学技术的发展，职业发展呈现出智能化、综合化等特点。根据职业发展特点，从业者的知识结构应该更加宽泛、合理。大学生在校学习期间，不仅要掌握本专业知识技能，而且要对相近或相关专业知识技能进行学习。宽厚的基础知识和必要技能的掌握，才能适应因社会快速发展而对人才要求的不断变化。此外，还应有进行社会工作、为集体服务的时间；有保证休息、娱乐、睡眠的时间。

（2）长时间短安排　在一个较长的时间内，究竟干些什么，应当有个大致计划。比如，一个学期、一个学年应当有个长计划。

（3）重点突出　学习时间是有限的，而学习的内容是无限的，所以必须要有重点，要保证重点，兼顾一般。

（4）脚踏实地　一是知识能力的实际，每个阶段，在计划中要接受消化多少知识，要培养哪些能力。二是指常规学习时间与自由学习时间各有多少。三是"债务"实际，对自己在学习上的"欠债"情况心中有数。四是教学进度的实际，掌握教师教学进度，就可以妥善安排时间，不至于使自己的计划受到"冲击"。

（5）适时调整　每一个计划执行结束或执行到一个阶段，就应当检查一下效果如何。如果效果不好，就要找找原因，进行必要的调整。检查的内容应包括：计划中规定的任务是否完成，是否按计划去做了，学习效果如何，没有完成计划的原因是什么。通过检查后，再修订专业学习计划，改变不科学、不合理的地方。

（6）灵活性　计划变成现实，还需要经过一段时间，在这个过程中会遇到许多新问题、新情况，所以计划不要太满、太死、太紧。要留出机动时间，使计划有一定机动性、灵活性。

3. 能力的自我培养

大学生在大学期间应基本上具有工作岗位所要求的能力，这就要求大学生在大学期间注重能力的自我培养。其途径主要有：

（1）积累知识　知识是能力的基础，勤奋是成功的钥匙。离开知识的积累，能力就成了"无源之水"，而知识的积累要靠勤奋的学习来实现。大学生在校期间，既要掌握已学书本上的知识和技能，也要掌握学习的方法，学会学习，养成自学的习惯，树立终身学习的意识。

（2）专业实验，勤于实践　实验是理论知识的升华和检验，我们可以通过实验来检验专业的理论知识，也能巩固理论知识，加深理解。而实践是培养和提高能力的重要途径，是检验学生是否学到知识的标准。因此大学生在校期间，既要主动积极参加各种校园文化活动，又要勇于参与一些社会实践活动；既要认真参加社会调查活动，又要热心各种公益活动；既要积极参与校内外相结合的科学研究、科技协作、科技服务活动，参加以校内建设或社会生产建设为主要内容的生产劳动，又要热忱参加教育实习活功，参加学校举办的各种类型的学习班、讲学班等。

药物制剂技术是一门实践性很强的学科，拥有崇高的药学道德是前提。而掌握规范化的专业技术是关键。实验室是科技人员从事研究工作的重要场所，是产生实验数据的基地，所以我们每一个药物制剂技术专业的学生必须从日常的实验课开始，按照相关的标准要求自己，提高实验能力的同时也为自己的将来增加了更多的筹码。另外，大学生应积极参加学校组织各级各类职业技能竞赛。比如 09 药物制剂技术 2 班刘梅方同学，多次在职业技能大赛中获得佳绩，现已经被保送到天津农学院攻读更高学历。

（3）发展兴趣　兴趣包括直接兴趣和间接兴趣；直接兴趣是事物本身引起的兴趣；间接兴趣是对能给个体带来愉快或益处的活动结果发生的兴

趣，人的意志在其中起着积极的促进作用。大学生应该重点培养对学习的间接兴趣，以提高自身能力为目标鼓励自己学习。

（4）超越自我　作为一名大学生，应当注意发展自己的优势能力，但只有优势能力是不够的，大学生必须对已经具备的能力有所拓展。不管其发展程度如何，这是今后生存的需要，也是发展的需要。

4. 身心素质培养

身体素质和心理素质合称为身心素质。身心素质对大学生成才有着重大影响，因此不断提升身心素质显得尤为重要。大学生心理素质提升的主要途径有：

（1）科学用脑

①勤于用脑　大脑用得越勤快，脑功能越发达。同时，应讲究最佳用脑时间。研究发现，人的最佳用脑时间存在着很大的差异性，就一天而言，有早晨学习效率最高的百灵鸟型，有黑夜学习效率最高的猫头鹰型，也有最佳学习时间不明显的混合型。

②劳逸结合　从事脑力劳动的时候，大脑皮质兴奋区的代谢过程就逐步加强，血流量和耗氧量也增加，从而使脑的工作能力逐步提高。如果长时间用大脑，消耗的过程逐步越过恢复过程，就会产生疲劳。疲劳如果持续下去，不仅会使学习和工作效率降低，还会引起神经衰弱等疾病。

③多种活动交替进行　人的脑细胞有专门的分工，各司其职。经常轮换脑细胞的兴奋与抑制，可以减轻疲劳，提高效率。

④培养良好的生活习惯　节奏性是人脑的基本规律之一，大脑皮质的兴奋与抑制有节奏地交替进行，大脑才能发挥较大效能。要使大脑兴奋与抑制有节奏，就要养成良好的生活习惯。

（2）正确认识自己　良好的自我意识要求做到自知、自爱，其具体内涵是自尊、自信、自强、自制。自信、自强的人对自己的动机、目的有明确的了解，对自己的能力能做出比较客观的估价。

（3）自觉控制和调节情绪　疾病都与情绪有关，长期的思虑忧郁，过度的气愤、苦闷，都可能导致疾病的发生。大学生希望有健康的身心，就必须经常保持乐观的情绪，在学习、生活和工作中有效地驾驭自己的情绪活动，自觉地控制和调节情绪。

（4）提高克服挫折的能力　正视挫折，战胜或适应挫折。遇到挫折，要冷静分析原因，找出问题的症结，充分发挥主观能动性，想办法战胜它。如果主客观差距太大，虽然经过努力，也无法战胜，就接受它，适应它，或者另辟蹊径，以便再战。要多经受挫折的磨练。

5. 选择与决策能力的培养

做出明智的选择是一项与每个人的成长、生活息息相关的基本生存技能，我们的每一个决定，都会影响我们的职业生涯发展。在我们的一生中，需要花费无数的时间与精力来选择或做出决定，小到选乘公交车，大到求学、择业，还有恋爱与婚姻……的确，成功与幸福很大程度上取决于我们在"十字路口"上的某个决定。如果能够具备良好的选择和决策能力，那我们在职业发展的道路上会比别人少浪费很多时间。

6. 学会职业适应

法国哲学家狄德罗曾说过：知道事物应该是什么样，说明你是聪明人；知道事物实际是什么样，说明你是有经验的人；知道如何使事物变得更好，说明你是有才能的人。显然，要想获得职业上的成功，首先是学会适应职业环境，就像大自然中的千年动物，能够随着自然环境的变化而调整、改变自己，避免成为"娇贵"的恐龙！

毕业生踏入职场之后，最初是适应社会的阶段。如果没有明确的职业生涯发展目标与心理准备，以及对自身综合水平的科学认识和评价，就容易在工作中遭遇更多的障碍和烦恼，产生迷茫和受挫感。因此，每一个大学生都应不断调整自己的求职预期与职业定位，提高自己在社会职业中的生存与发展能力。当然，更直接的手段就是加强实训实习，多参加社会活动，了解自己，了解职业，了解社会。

7. 塑造自己成为品质高尚的人

闻名世界的实业家马歇尔·菲尔德（1834～1906年）曾经说过："对于一个初出茅庐的年轻人而言，做人的首要品质是诚实、勤奋、节俭和正直。这些品质比什么都重要，他们是任何时代都不能缺少的。一个人如果没有这些品质，必定一事无成。"

每个人的潜力都是无限的，有什么样的人品，就会有什么样的工作业绩与生命质量。因为人与人之间并没有多大不同，优秀的人品是个人成功最重要的资本，是人最核心的竞争力。将自己塑造成品质高尚、得人尊重、受人欢迎的人。希望你成为诚实、守信、负责、热情、善良、友好、感恩、理解、上进、大度、开朗、幽默、快乐的人。

任务二　高等职业教育，我的选择无怨无悔

一、普通高等教育和高等职业教育

《国家中长期教育改革和发展规划纲要（2010－2020 年）》（简称《教育规划纲要》），对高等教育提出了发展规划。基于此，我们来看一下普通高等教育和高等职业教育。

1. 普通高等教育

高等教育承担着培养高级专门人才、发展科学技术文化、促进社会主义现代化建设的重大任务。到 2020 年，高等教育结构更加合理，特色更加鲜明，人才培养、科学研究和社会服务整体水平全面提升，着力培养信念执著、品德优良、知识丰富、本领过硬的高素质专门人才和拔尖创新人才。

国家将加快建设一流大学和一流学科。以重点学科建设为基础，继续实施"985 工程"和优势学科创新平台建设，继续实施"211 工程"和启动特色重点学科项目。坚持服务国家目标与鼓励自由探索相结合，加强基础研究；以重大现实问题为主攻方向，加强应用研究。促进高校、科研院所、企业科技教育资源共享，推动高校创新组织模式，培育跨学科、跨领域的科研与教学相结合的团队。

普通高等教育五大学历教育是国家教育部最为正规且用人单位最为认可的学历教育，主要包括全日制普通博士学位研究生、全日制普通硕士学位研究生（包括学术型硕士和专业硕士）、全日制普通第二学士学位、全

日制普通本科、全日制普通专科（高职）。

2. 高等职业教育

我国的高等职业技术教育开始于 20 世纪 80 年代初，1995 年以后，特别是 1996 年 6 月全国教育工作会议之后，高等职业技术教育发展迅速。中央和地方也出台了一系列好政策、好措施。教育部批准设置了 92 所高等职业技术学院，各地方也成立了具有地方特色的高等职业技术学院，许多普通高校也以不同形式设置了职业技术学院，高等职业技术教育的发展出现了大好局面。

国家在《教育规划纲要》中提及要大力发展职业教育。职业教育要面向人人、面向社会，着力培养学生的职业道德、职业技能和就业创业能力。到 2020 年，形成适应经济发展方式转变和产业结构调整要求、体现终身教育理念、中等和高等职业教育协调发展的现代职业教育体系，满足人民群众接受职业教育的需求，满足经济社会对高素质劳动者和技能型人才的需要。

政府切实履行发展职业教育的职责。把职业教育纳入经济社会发展和产业发展规划，促使职业教育规模、专业设置与经济社会发展需求相适应。统筹中等职业教育与高等职业教育发展。健全多渠道投入机制，加大职业教育投入。把提高质量作为重点。以服务为宗旨，以就业为导向，推进教育教学改革。实行工学结合、校企合作、顶岗实习的人才培养模式。坚持学校教育与职业培训并举，全日制与非全日制并重。调动行业企业的积极性。

由此来看，高等职业院校既拥有普通高等教育的学历，也享受到国家对高等教育和职业教育的双重投入。身为高等职业院校一名学生的你，不仅将成长为高素质技能型人才服务于企业和社会，也将有机会继续深造提升学历水平，成为本领过硬的高素质专门人才和拔尖创新人才。

3. 高等职业技术教育与普通高等教育比较研究

目前我国正在加紧推进高等教育大众化进程，而加速高等职业教育的发展是实现高等教育大众化的主要途径。高等职业教育和普通高等教育有着许多相同的地方，如共同遵循教育的基本原则，共同追求培养社会主义的德智体美劳全面发展的建设者和接班人的总体目标，共同遵循着政策宏观调控与高校自主办学积极性相结合的原则，共同接受衡量教育教学质量的一个宏观标准。但高等职业教育与普通高等教育又有着明显的区别。

（1）高等职业教育与普通高等教育在人才培养上的区别

①源渠道上的区别　目前高职院校的生源来自于三个方面：一是参加普通高考的学生；二是中等职业技术学院和职业高中对口招生的学生；三是初中毕业的学生；而普通高等教育的生源通常是在校的高中毕业生。

②培养目标上的区别　普通高等教育主要培养的是研究型和探索型人才以及设计型人才，而高等职业教育则是主要培养既具有大学程度的专业知识，又具有高级技能，能够进行技术指导并将设计图纸转化为所需实物，能够运用设计理念或管理思想进行现场指挥的技术人才和管理人才。换句话说，高等职业教育培养的是技艺型、操作型的、具有大学文化层次的高级技术人才。同普通高等教育相比，高等职业教育培养出来的学生，毕业后大多数能够直接上岗，一般没有所谓的工作过渡期或适应期，即使有也是非常短的。

③与经济发展关系上的区别　随着社会的发展，高等教育与社会经济发展的联系越来越紧密，高等职业教育又是高等教育中同经济发展联系最为密切的一部分。在一定的发展阶段中，高等职业教育的学生人数的增长与地区的国民生产总值的变化处于正相关状态，高职教育针对本地区的经济发展和社会需要，培养相关行业的高级职业技术人才，它的规模与发展速度和产业结构的变化，取决于经济发展的速度和产业结构的变化。随着我国经济结构的战略性调整，社会对高等职业教育的发展要求和定位必然以适应社会和经济发展的需求为出发点和落脚点，高等职业教育如何挖掘自身内在的价值，使之更有效地服务于社会是其根本性要求。

④专业设置与课程设置上的区别　在专业设置及课程设置上，普通高等教育是根据学科知识体系的内部逻辑来严格设定的，而高等职业教育则是以职业岗位能力需求或能力要素为核心来设计的。就高等职业教育的专业而言，可以说社会上有多少个职业就有多少个专业；就高等职业教育的课程设置而言，也是通过对职业岗位的分析，确定每种职业岗位所需的能

力或素质体系，再来确定与之相对应的课程体系。有人形象地说，以系列产品和职业证书来构建课程体系，达到高等职业教育与社会需求的无缝接轨。

⑤培养方式上的区别　普通高等教育以理论教学为主，虽说也有实验、实习等联系实际的环节，但其目的仅仅是为了更好地学习、掌握理论知识，着眼于理论知识的理解与传授。而高等职业教育则是着眼于培养学生的实际岗位所需的动手能力，强调理论与实践并重，教育时刻与训练相结合，因此将技能训练放在了极其重要的位置上，讲究边教边干，边干边学，倡导知识够用为原则，缺什么就补什么，实践教学的比重特别大。这样带来的直接效果是，与普通高等教育相比，高等职业教育所培养的学生，在毕业后所从事的工作同其所受的职业技术教育的专业是对口的，他们有较好的岗位心理准备和技术准备，因而能迅速地适应各种各样的工作要求，为企业或单位带来更大的经济效益。

（2）高等职业教育与普通高等教育在课堂教学评价上的区别

根据高等职业教育与普通高等教育在上述两个方面具有的明显区别，对二者在课堂教学评价问题上区别就容易得出答案了。从评价内容来看，普通高等教育重点放在教师对基础科学知识的传授之上；高等职业教育则主要放在教师对技术知识与操作技能的传授方面。从评价过程来看，普通高等教育主要围绕教师的教学步骤展开；高等职业教育则主要围绕学生的学习环节来进行。从评价者来看，普通高等教育主要是以学科教师为主；高等职业教育则主要以岗位工作人员为主。从评价方式来看，普通高等教育主要以同行和专家评价为主；高等职业教育则主要以学生评教为主。

4. 结论

（1）高等职业技术教育和普通高等教育都是高等教育的重要组成部分，二者只有类型的区别，没有层次的区别。因此，高等职业技术教育既是高等教育的一种类型，又是职业技术教育高层次。

（2）高等职业技术教育和普通高等教育在培养目标上有所区别：高等职业技术教育的培养目标是定位于技术型人才的培养；普通高等教育强调培养目标的学术定向性，而高等职业教育强调培养目标的职业定向性。普通高等教育培养的是理论型人才，而高等职业教育培养的是应用型人才。高等职业教育不仅需要学生掌握基本知识和理论，还需要学生提高实践能力。

（3）高等职业技术教育和普通高等教育在培养模式上有所差异：普通高等教育在人才培养模式中强调学科的"重要性"，注重理论基础的"广博性"和专业理论的"精深性"；专业设置体现"学科性"，课程内容注重"理论性"，教学过程突出"研究性"。高等职业技术教育则更为强调职业能力的"重要性"，注重理论基础的"实用性"；专业设置体现"职业性"，课程内容强调"应用性"，教学过程注重"实践性"。

（4）高等职业技术教育和普通高等教育在教学管理上有所不同：普通高等教育在教学管理中更注重稳定性、长效性和学术自主性。相对而言，高等职业技术教育则更强调教学管理的灵活性、应变性、多重协调性和目标导向性。

（5）普通高等教育需要的是基础理论扎实、学术水平高、科研能力强的教师队伍，高等职业教育需要的是既在理论讲解方面过硬，又在技艺和技能方面见长的"双师型"的教师队伍。

（6）高等职业技术教育和普通高等教育在生源、教学特色、实践能力等方面也存在一定差异。

二、我国大力发展高等职业教育

我国高等职业教育担负着培养适应社会需求的生产、管理、服务第一线应用性专门人才的使命，高等职业教育的改革发展对全国实施科教兴国战略和人才强国战略有着极为重要的意义。随着经济体制改革的不断深入和国民经济的快速发展，我国在制造业、服务业等行业的技术应用性人才紧缺的状况越来越突出，它直接影响了生产规模和产品质量，制约了产业的发展，影响了国际竞争力的增强。因此，国家十分强调要"大力发展高等职业教育"。

在过去的 10 年，我国高职教育规模得到迅猛的发展。独立设置院校数从 431 所增长到 1184 所，占普通高校总数的 61%；2008 年高职教育招生数达到311万人，比1998年增长了6倍，在校生近900万人，对高等教育进入大众化历史阶段发挥了重要的基础性作用。

2006年11月16日，中华人民共和国教育部颁布文件《教育部关于全面提高高等职业教育教学质量的若干意见》（教高〔2006〕16号）明确指出："高等职业教育作为高等教育发展中的一个类型，肩负着培养面向生产、建设、服务和管理第一线需要的高技能人才的使命，在我国加快推进社会主义现代化建设进程中具有不可替代的作用。"同时，开始实施被称为"高职211工程"的"国家示范性高等职业院校建设计划"，力争到2020年我国出现20所文化底蕴丰厚、办学功底扎实、具有核心发展力且被国外高等职业教育界广泛认可的世界著名高职院校；重点建设100所办学特色鲜明、教学质量优良在全国起引领示范作用的高职院校；重点建设1000个技术含量高，社会适应性强，有地方特色和行业优势的品牌专业。截至2008年，中华人民共和国教育部和财政部已经正式遴选出了天津职业大学、成都航空职业技术学院、深圳职业技术学院等100所国家示范性高等职业院校建设单位和8所重点培育院校。自此，我国的高等职业教育和高职院校进入了一个前所未有的新的发展历史时期。

《中共中央关于制定国民经济和社会发展第十二个五年规划的建议》中提到"加快教育改革发展。全面贯彻党的教育方针，保障公民依法享有受教育的权利，办好人民满意的教育。按照优先发展、育人为本、改革创新、促进公平、提高质量的要求，深化教育教学改革，推动教育事业科学发展。全面推进素质教育，遵循教育规律和学生身心发展规律，坚持德育为先、能力为重，促进学生德智体美劳全面发展。积极发展学前教育，巩固提高义务教育质量和水平，加快普及高中阶段教育，大力发展职业教育，全面提高高等教育质量，加快发展继续教育，支持民族教育、特殊教育发展，建设全民学习、终身学习的学习型社会。"

《教育规划纲要》中也提出建立健全政府主导、行业指导、企业参与的办学机制，制定促进校企合作办学法规，推进校企合作制度化。鼓励行业组织、企业举办职业学校，鼓励委托职业学校进行职工培训。制定优惠政策，鼓励企业接收学生实习实训和教师实践，鼓励企业加大对职业教育的投入。

《国务院办公厅关于开展国家教育体制改革试点的通知》也提出改革职业教育办学模式，构建现代职业教育体系，提出了若干试点建设。其中天津分别被列入"建立健全政府主导、行业指导、企业参与的办学体制机制，创新政府、行业及社会各方分担职业教育基础能力建设机制，推进校企合作制度化"的试点城市；"开展中等职业学校专业规范化建设，加强职业学校'双师型'教师队伍建设，探索职业教育集团化办学模式"的试点城市；"探索建立职业教育人才成长'立交桥'，构建现代职业教育体系"的试点城市。

借助国家大力发展高等职业教育的东风，高职院校将优化资源配置、积极探索多样化的办学模式，促进教学改革和课程改革等。高职院校将有更多机会筹建各类实训基地、参与及组织各类职业技能竞赛，实现健全技能型人才培养体系，推动普通教育与职业教育相互沟通，相互借鉴，为学生提供更好的学习平台，提升学生的职业素养，与企业实现零距离接轨，更快的服务于区域经济发展。

三、专业、职业、工种、岗位的内涵

以工学结合为特色、以就业为导向、以服务为宗旨是高等职业院校的办学理念。鉴于此，学生入校以来就要和企业需求紧密结合。在入学之初，我们及早了解专业与职业、工种及岗位之间的联系，将更有利于开展今后的学习。

1. 专业

根据《普通高等学校高职高专教育专业设置管理办法（试行）》，由教育部组织制订的《普通高等学校高职高专教育指导性专业目录》（以下简称《目录》）是国家对高职高专教育进行宏观指导的一项基本文件，是指导高等学校设置和调整专业，教育行政部门进行教育统计和人才预测等工作的重要依据，也可作为社会用人单位选择和接收毕业生的重要参考。

其所列专业是根据高职高专教育的特点，以职业岗位群或行业为主兼顾学科分类的原则进行划分的，体现了职业性与学科性的结合，并兼顾了

与本科目录的衔接。专业名称采取了"宽窄并存"的做法，专业内涵体现了多样性与普遍性相结合的特点，同一名称的专业，不同地区不同院校可以且提倡有不同的侧重与特点。《目录》分设农林牧渔、交通运输、生化与药品、资源开发与测绘、材料与能源、土建、水利、制造、电子信息、环保气象与安全、轻纺食品、财经、医药卫生、旅游、公共事业、文化教育、艺术设计传媒、公安、法律等。截止 2012 年，我国高职高专教育拟招生专业 1073 种，专业点 51378 个。

2. 职业

职业是参与社会分工，利用专门的知识和技能，为社会创造物质财富和精神财富，获取合理报酬，作为物质生活来源，并满足精神需求的工作。我国职业分类，根据我国不同部门公布的标准分类，主要有两种类型。

第一种：根据国家统计局、国家标准总局、国务院人口普查办公室 1982 年 3 月公布，供第三次全国人口普查使用的《职业分类标准》。该《标准》依据在业人口所从事的工作性质的同一性进行分类，将全国范围内的职业划分为大类、中类、小类三层，即 8 大类、64 中类、301 小类。其 8 个大类的排列顺序是：第一，各类专业、技术人员；第二，国家机关、党群组织、企事业单位的负责人；第三，办事人员和有关人员；第四，商业工作人员；第五，服务性工作人员，第六，农林牧渔劳动者；第七，生产工作、运输工作和部分体力劳动者；第八，不便分类的其他劳动者。在八个大类中，第一、二大类主要是脑力劳动者，第三大类包括部分脑力劳动者和部分体力劳动者，第四、五、六、七大类主要是体力劳动者，第八类是不便分类的其他劳动者。

第二种：国家发展计划委员会、国家经济委员会、国家统计局、国家标准局批准，于 1984 年发布，并于 1985 年实施的《国民经济行业分类和代码》。这项标准主要按企业、事业单位、机关团体和个体从业人员所从事的生产或其他社会经济活动的性质的同一性分类，即按其所属行业分类，将国民经济行业划分为门类、大类、中类、小类四级。门类共 13 个：①农、林、牧、渔、水利业；②工业；③地质普查和勘探业；④建筑业；

⑤交通运输业、邮电通信业；⑥商业、公共饮食业、物资供应和仓储业；⑦房地产管理、公用事业、居民服务和咨询服务业；⑧卫生、体育和社会福利事业；⑨教育、文化艺术和广播电视业；⑩科学研究和综合技术服务业；⑪金融、保险业；⑫国家机关、党政机关和社会团体；⑬其他行业。这两种分类方法符合我国国情，简明扼要，具有实用性，也符合我国的职业现状。

（1）职业资格　职业资格是对从事某一职业所必备的学识、技术和能力的基本要求。

职业资格包括从业资格和执业资格。从业资格是指从事某一专业（职业）学识、技术和能力的起点标准。执业资格是指政府对某些责任较大，社会通用性强，关系公共利益的专业（职业）实行准入控制，是依法独立开业或从事某一特定专业（职业）学识、技术和能力的必备标准。

（2）职业证书　职业资格证书是劳动就业制度的一项重要内容，也是一种特殊形式的国家考试制度。它是指按照国家制定的职业技能标准或任职资格条件，通过政府认定的考核鉴定机构，对劳动者的技能水平或职业资格进行客观公正、科学规范的评价和鉴定，对合格者授予相应的国家职业资格证书。

《劳动法》第八章第六十九条规定："国家确定职业分类，对规定的职业制定职业技能标准，实行职业资格证书制度，由经过政府批准的考核鉴定机构负责对劳动者实施职业技能考核鉴定。"

《职业教育法》第一章第八条明确指出："实施职业教育应当根据实际需要，同国家制定的职业分类和职业等级标准相适应，实行学历文凭、培训证书和职业资格证书制度"。

这些法律条款确定了国家推行职业资格证书制度和开展职业技能鉴定的法律依据。

（3）职业资格等级证书等级　我国职业资格证书分为五个等级：初级工（五级）、中级工（四级）、高级工（三级）、技师（二级）和高级技师（一级）。

3. 工种

工种是根据劳动管理的需要，按照生产劳动的性质、工艺技术的特征，或者服务活动的特点而划分的工作种类。

目前大多数工种是以企业的专业分工和劳动组织的基本状况为依据，从企业生产技术和劳动管理的普遍水平出发，为适应合理组织劳动分工的需要，根据工作岗位的稳定程度和工作量的饱满程度，结合技术发展和劳动组织改善等方面的因素进行划分的。

如医药特有工种职业（工种）目录涉及化学合成制药工工种47种、生化药品制造工的生化药品提取工、发酵工程制药工微生物发酵工等6种、药物制剂工工种31种、药物检验工工种7种、实验动物饲养工药理实验动物饲养工、医药商品储运员（含医疗器械）工种5种、淀粉葡萄糖制造工工种12种。

4. 岗位

岗位，是组织为完成某项任务而确立的，由工种、职务、职称和等级内容组成。岗位职责指一个岗位所要求的需要去完成的工作内容以及应当承担的责任范围。

药事管理涉及药品注册、研究开发、生产、经营、流通、使用、价格、广告等方面，意味着在相应方面均有基层工作和管理、监督检查人员。每一环节均有其对应的岗位及岗位职责。

总体来看，选择学习了哪一专业，就意味着今后进入哪一行业，从事何种职业的机会更大一些。要积极面对专业课程的学习，同时寻求拓展专业知识的机会，有条件的基础上，可以自学其他专业的课程，增加自己的职场竞争力。

四、高等职业教育实行"双证书"制度

所谓双证书制，是指高职院校毕业生在完成专业学历教育获得毕业文凭的同时，必须参与其专业相衔接的国家就业准入资格考试并获得相应的职业资格证书。即高等职业院校的毕业生应取得学历和技术等级或职业资格两种证书的制度。

高职学历证书与职业资格证书既有紧密联系，又有明显区别。高职学历教育与职业资格证书制度的根本方向和主要目的具有一致性，都是为了促进从业人员职业能力的提高，有效地促进有劳动能力的公民实现就业和再就业，二者都以职业活动的需要作为基本依据。但是，二者又不能相互等同、相互取代。职业资格标准的确定仅以社会职业需要为依据，是关于"事"的标准，主要是为了维护用人单位的利益和社会公共利益。学历教育与职业资格的考核方式也存在明显不同。职业资格鉴定只是一种终结性的考核评价，而学历教育既注重毕业时和课程结束时的终结性考核评价，更注重学习过程中的发展性评价。为了达到教育目标，学历教育可以采用标准参照，也可以采用常模参照，而职业资格鉴定仅采用标准参照。此外，职业资格鉴定要规定从业者的工作经历，而毕业证书的发放则要规定学习者的学习经历。

双证书制度是在高等职业教育改革形势下应运而生的一种新的制度设计，是对传统高职教育的规范和调整。实行双证书制度是国家教育法规的要求，是人才市场的要求，也是高等职业教育自身的特性和社会的需要。

1. 实行双证书制度是国家教育法规的要求

几年来国家在许多法规和政策性文件中提出了实行双证书制度的要求。1996 年颁布的《中华人民共和国职业教育法》规定"实施职业教育应当根据实际需要，同国家制定的职业分类和职业等级标准相适应，实行学历证书、培训证书和职业资格证书制度。"并明确"学历证书、培训证书按照国家有关规定，作为职业学校、职业培训机构的毕业生、结业生从业的凭证。"1998 年国家教委、国家经贸委、劳动部《关于实施〈职业教育法〉加快发展职业教育的若干意见》中详细说明："要逐步推行学历证书或培训证书和职业资格证书两种证书制度。接受职业学校教育的学生，经所在学校考试合格，按照国家有关规定，发给学历证书；接受职业培训的学生，经所在职业培训机构或职业学校考核合格，按照国家有关规定，发给培训证书。对职业学校或职业培训机构的毕（结）业生，要按照国家制定的职业分类和职业等级、职业技能标准，开展职业技能考核鉴定，考核合格的，按照国家有关规定，发给职业资格证书。学历证书、培训证书和职业资格证书作为从事相应职业的凭证。"《教育规划纲要》提到要增强职业教育吸引力，完善职业教育支持政策。积极推进学历证书和职业资格证书"双证书"制度，推进职业学校专业课程内容和职业标准相衔接。完善就业准入制度，执行"先培训、后就业"、"先培训、后上岗"的规定。

以上这些，为实行双证书制度提供了法律依据和政策保证。

2. 实行双证书制度是社会人才市场的要求

随着社会主义市场经济的发展，社会人才市场对从业人员素质的要求越来越高，特别是对高级实用型人才的需求更讲究"适用"、"效率"和"效益"，要求应职人员职业能力强，上岗快。这就要求高等职业院校的毕业生，在校期间就要完成上岗前的职业训练，具有独立从事某种职业岗位工作的职业能力。双证书制度正是为此目的而探索的教育模式，职业资格证书是高职毕业生职业能力的证明，谁持有的职业资格证书多，谁的从业选择性就大，就业机会就多。

3. 实行双证书制度是高职教育自身的特性

高等职业教育是培养面向基层生产、服务和管理第一线的高级实用型人才。双证书是实用型人才的知识、技能、能力和素质的体现和证明，特别是技术等级证书或职业资格证书是高等职业院校毕业生能够直接从事某种职业岗位的凭证。因此，实行双证书制度是高等职业教育自身的特性和实现培养目标的要求。

高等职业教育实行"双证书"制度主旨在于提高高职院校学生的就业竞争力，确保学生毕业后能够学有所用，大力服务于企业发展及社会主义经济建设。

五、高职毕业生，职场上的香饽饽

1. 全国就业整体形势

《国务院关于批转促进就业规划（2011－2015年）的通知》中对"十二五"时期面临的就业形势做出明确阐述："十二五"时期，我国就业形势将更加复杂，就业总量压力将继续加大，劳动者技能与岗位需求不相适应、劳动力供给与企业用工需求不相匹配的结构性矛盾将更加突出，就业任务更加繁重。

2. 政策措施

（1）促进以创业带动就业　健全创业培训体系，鼓励高等和中等职业学校开设创业培训课程。健全创业服务体系，为创业者提供项目信息、政策咨询、开业指导、融资服务、人力资源服务、跟踪扶持，鼓励有条件的地方建设一批示范性的创业孵化基地。

（2）统筹做好城乡、重点群体就业工作　其中就明确要切实做好高校毕业生和其他青年群体的就业工作。

一方面继续把高校毕业生就业放在就业工作的首位，积极拓展高校毕业生就业领域，鼓励中小企业吸纳高校毕业生就业。鼓励引导高校毕业生面向城乡基层、中西部地区，以及民族地区、贫困地区和艰苦边远地区就业，落实各项扶持政策。

另一方面，鼓励高校毕业生自主创业、支持高校毕业生参加就业见习和职业培训。

3. 大力培养急需紧缺人才

"十二五规划"提出教育和人才工作发展任务创新驱动实施科教兴国和人才强国战略。其中提到促进各类人才队伍协调发展。涉及到要大力开发装备制造、生物技术、新材料、航空航天、国际商务、能源资源、农业科技等经济领域和教育、文化、政法、医药卫生等社会领域急需紧缺专门人才，统筹推进党政、企业经营管理、专业技术、高技能、农村实用、社会工作等各类人才队伍建设，实现人才数量充足、结构合理、整体素质和创新能力显著提升，满足经济社会发展对人才的多样化需求。

4. 高职生就业现状

在政策扶持下，高职高专院校就业率连年攀升。经过多年的发展，秉持着以就业为导向的办学目标，目前国内不少高职高专院校终于百炼成钢，摸准了市场的脉搏，按照市场需求培养的学生就成了就业市场上的"香饽饽"。

高职院校就业率高的主要原因在于培养的人才"适销对路"，职业能力强、专业对口人才紧缺、订单式培养是高职毕业生就业率走高的根本原因。各高职学院积极地与企业合作，根据市场需求进行课程开发；通过校企合作，企业把车间搬到学院，或者学生到企业以厂中校的形式，把学生的实践环节做足做实，真正的与就业零距离接触。再者现在越来越多的用人单位讲究人才的优化配置，做到人岗匹配，对某些岗位来说，录用高职生比录用本科生可以花费更少的薪酬及培训成本，却能获得更好的用人效果。

很多高职学生通过在校期间参加各类实训、工学交替、订单培养班及技能大赛等，练就了一身本领，拿到了相关的职业资格证书，掌握了企业急需的专业技能，这些磨砺使企业看到了他们的价值，帮助他们确立了在企业中的工作岗位，有些甚至成为用人单位后备人才培养对象。

社会经济发展趋势及企业对技能型人才的需求越旺盛，高职毕业生的优势就越来越凸现，有些高职毕业生还没有毕业就被用人单位提前预订一空，有些在学期间就能拿着比不少本科毕业生还要高的薪水。

当然，高职毕业生不应满足于眼前的高就业率，更应为个人今后长期的职业发展，做出更好的规划，要不断的提升个人学历层次或是提升技能水平，以满足不断变化的市场需求，长期处于优势地位。

模块二 学技能，就业有实力

任务一 学技能，三年早知道

同学们选择了药物制剂技术这个专业，对这个专业了解多少呢？选择这个专业是你的一时兴起，还是经过了深思熟虑呢？接下来的三年时间，你将如何度过呢？阅读下面的内容，也许你会有所收获。

一、药物制剂技术专业概况

药物制剂技术专业的专业代码是530305，在高等职业教育专业分类中属于生化与药品大类中的制药技术类。

1. 国内本专业开办情况

药物制剂技术专业在全国范围内有多所高职院校有招生资格，其中部分院校见下表2-1。

表2-1　国内同类院校中开设药物制剂技术专业的高职院校

序号	学院名称
1	山西药科职业学院
2	广东食品药品职业技术学院
3	黑龙江生物科技职业学院
4	河北化工医药职业技术学院
5	重庆医药高等专科学校
6	安徽医学高等专科学校
7	徐州生物工程职业技术学院
8	山东药品食品职业学院
9	福建生物工程职业技术学院

2. 专业培养目标

药物制剂技术专业培养面向药物制剂生产第一线，具有药物制剂生产及质量控制能力，掌握药物制剂生产及质量控制的理论知识，适应市场经济建设和社会发展需要，德、智、体、美等方面全面发展的高端技能型专门人才。

3. 人才培养规格

药物制剂技术专业人才培养的规格如下：

（1）基本素质

①职业道德素质　具有遵纪守法、团结合作的品质，具有开拓创新、吃苦耐劳的精神及良好的职业道德，对本岗工作认真负责、爱岗敬业，按标准操作规程的要求进行生产操作与管理；态度严谨，实事求是，尊重知识产权；热爱集体，爱护环境，节约资源，安全生产。

②身体心理素质　无传染病和精神病；有一定的自我心理调整能力，对胜利和成功有自制力，对挫折和失败有承受力，具有健康的体魄、健全的人格及良好的心理素质。

③政治思想素质　坚持党的基本路线，树立科学的世界观、人生观、价值观，遵纪守法，有良好的道德品质和法制观念，事业心、责任心强。

④科学文化素质　有科学的认知理念与认知方法和实事求是、勇于实践的工作作风；自强、自立、自爱；有正确的审美观，言谈举止、衣着修饰等符合自己的性别、年龄、职业、身份；有较高的文化修养。

（2）知识要求

①基础知识　计算机、英语、人文社科等基础知识。

②专业基础知识　无机化学、分析化学、物理化学、有机化学、生物化学、药物化学、制药识图、微生物学、药理学及医药行业法律与法规等基本理论和知识。

③专业核心知识　药物制剂技术、药物制剂设备、药品检验技术、安全生产技术、药品生产质量管理规范等基本理论和知识。

④专业拓展知识　药品市场营销、化学制药技术、中药制剂技术的基本理论和知识等。

（3）能力要求

①计算机应用能力　能熟练使用相关专业软件，能熟练地在因特网上检索、浏览信息，下载文件，收发电子邮件。

②外语应用能力　可借助字典阅读英文专业资料及技术说明书；有一定的英语口语表达能力。

③语言文字表达能力　能针对不同场合，恰当地使用语言与他人交流；能有效运用信息撰写比较规范的常用应用文，如调查报告、工作计划、研究论文及工作总结等。

④信息处理能力　能制定调研计划、拟定调研提纲、规划调研步骤；准确收集相关技术信息，确定应用范围；对获取的相关信息，进行整理、分析和归纳。

⑤自我管理能力　确定符合实际的个人发展方向并制定切实可行的发展规划，能够安排并有效利用时间完成阶段工作任务和学习计划；能够不断获得新知识、新技能以适应新的环境。

⑥岗位核心能力　掌握常用固体剂型、液体剂型及半固体剂型的生产工艺流程及常用剂型的配制方法、质量控制的实践操作技能；具有常用药物制剂设备使用与维护技能；具有本专业岗位工作需要的语言及文字表达能力；懂得常用仪器的使用方法；能利用本专业理论知识和技能初步解决岗位的技术问题；具有事故防范和处理能力。

4. 职业资格证书

本专业实行学历证书与职业资格证书并重的"双证书"制度，强化学生职业能力的培养，依照国家职业分类标准，要求学生获得与本专业相关的职业资格证书（中级/高级）。学生应至少获得其中一种职业资格证书，方能毕业。

（1）职业核心岗位群　药物制剂生产岗位、药品质量控制岗位，参照《劳动部职业工种目录大全》中对应的职业名称包括以下：

①药物制剂生产岗位　33–055 药物配料制粒工、33–056 片剂压片工、33–057 片剂包衣工、33–058 注射液调剂工、33–059 水针剂灌封工、33–060 输液剂灌封工、33–061 粉针剂分装工、33–062 硬胶囊剂灌

装工、33-063 软胶囊剂调剂工、33-064 软胶囊剂成型工、33-065 气雾剂工、33-066 滴丸工、33-067 口服药液调剂工、33-068 口服液灌装工、33-069 软膏剂调剂工、33-070 软膏剂灌装工、33-071 栓剂调剂工、33-072 栓剂成型工、33-073 膜剂工、33-074 滴液剂工、33-075 酊水剂工、33-077 注射用水、纯水制备工、33-078 制剂及医用制品灭菌工、33-080 理洗瓶工、33-082 冷冻干燥工。

②药品质量控制岗位 33-079 灯检工、33-084 制剂质量检查工。

(2) 职业拓展岗位群 中药制剂生产岗位、药品经营与管理岗位、化学药品生产岗位,参照《劳动部职业工种目录大全》中对应的职业名称包括如下。

①中药制剂生产岗位 34-014 中药配料工、34-015 中药粉碎工、34-016 中药提取工、34-028 中药塑丸工、34-029 中药泛丸工、34-035 膏药剂工、34-037 中药片剂工。

②药品经营与管理岗位 33-191 医用商品营业员、33-192 医用商品采购员、33-193 医用商品供应员、33-194 医用商品保管员。

③化学药品生产岗位 33-001 合成药卤化工、33-002 合成药碳化(含氯磺化)工、33-003 合成药硝化(含亚硝化)工、33-006 合成药酰化工、33-007 合成药酯化工。

本专业在教学过程中应将岗位技能培训与考核的内容融于日常的教学中,第四、五、六学期分别进行中、高级工的考核。理论知识考试采用闭卷笔试或口试方式,技能操作考核采用现场实际操作方式。

取得证书方式:由国家人力资源和社会保障部统一颁发。

5. 双带头人制度

为有效解决专业与社会需求对接问题,提高专业建设的自觉性、科学性,药物制剂技术专业实行双带头人制度,除配备专职教师担任专业带头人外,另聘请 1 名企业高级工程师担任专业带头人。

本专业企业专业带头人的职责包括全程参与专业建设和教学改革过程,包括课程体系的构建、课程设置、教材建设以及校内实训基地的建设指导,校外实训基地的建设等。

同时，本专业从与学院结合紧密的行业、企业聘请了生产一线技术和管理人员，承担部分专业课程的教学工作，充实了教学队伍，很好的满足了本专业的教学需要。

二、岗位能力分析与课程体系

1. 岗位能力分析

深入企业一线，与企业专业带头人和专家一起对各岗位群的典型工作任务和核心能力要求进行了总结归纳和整理，并参考了行业的技术标准与规范（《中华人民共和国工人技术等级标准（医药行业）》）中的压片工、注射剂调剂工等技术等级标准，进行了职业岗位（群）典型任务与核心要求的分析，见表2-2、表2-3。

表2-2　压片工岗位专项能力及专业知识分析

任务	岗位专项能力与对应的知识及课程	课程→代号
压片机操作	1. 具有本工种岗位操作和质量自检的能力→药物制剂生产、制剂设备使用、药品检验应用知识→YWZJ/ZJSB/YPJY/DGSX	1. 药品生产质量管理规范→GMP 2. 有机化学→YJ 3. 无机化学→WJ 4. 药物化学→YH 5. 药理学→YL 6. 安全生产技术→AQSC 7. 制剂设备→ZJSB 8. 药物制剂技术→YWZJ
	2. 按本工种工艺质量控制点，完成规定的产量、质量和技术经济指标 →药物制剂生产知识→YWZJ/DGSX/ZJSX	
	3. 解决本工种黏冲、松片等一般质量问题 →药物制剂生产知识、制剂设备使用知识→YWZJ/ZJSB/ZJSX/DGSX	
	4. 对颗粒或粉末、半成品、成品具有判别的能力，并掌握产品质量对后工序特别是对包衣质量的影响 →药物制剂生产知识、药品检验知识→YWZJ/YPJY	
	5. 了解各种型号的压片机，并能熟练操作一种压片机 →药物制剂设备知识→ZJSB	
	6. 按照分析结果计算片重和片重差异限度 →药物制剂生产知识、药品检验知识→YWZJ/YOJY	
	7. 掌握本工种压片机生产能力的计算和物料衡算 →药物制剂设备知识、物料衡算知识→ZJSB/ZJSX/DGSX	
	8. 绘制本剂型的生产工艺流程示意图和本工种带工艺质量控制点的生产工艺流程图 →工艺流程示意图及工艺流程图的绘制→ZYST/YWZJ/ZJSB	

续表

任务	岗位专项能力与对应的知识及课程	课程→代号
	9. 看懂本工种设备平面布置图→药物制剂设备知识、识图知识→ZJSB/ZYST	
	10. 正确使用、维护及保养本工种设备，如对压片机进行拆装、调整、冲模的检查、清洗、保养等→药物制剂设备使用、维护及保养知识→ ZJSB/AQSC/ZJSX/DGSX	
	11. 正确使用本工种计量器具、电器、仪器和仪表，如电子秤、天平、崩解仪等→计量器具、电器、仪器和仪表使用知识→ZJSB/YQFX/ZJSX/DGSX	
	12. 生产过程中突然停电、停水和停气时，能采取应急措施→突发事件的处理能力→AQSC/YH/YWZJ/WSW/DGSX	
压片机操作	13. 具有分析处置本工种事故及发现事故隐患的能力，如脱模、断冲、电器开关失灵等事故的处理，并能提出防范措施→压片机使用及维护知识、安全生产知识→ ZJSB/AQSC/ZJSX/DGSX	9. 顶岗实习→DGSX 10. 制剂实训→ZJSX 11. 微生物→WSW
	14. 对本工种不同性质的物料发生火灾时，能正确使用相应的灭火器材→安全生产知识→AQSC	12. 药品检验技术→YWJY
	15. 熟悉《药品生产质量管理规范》，按照本工序岗位 SOP 进行生产并正确填写生产记录，能参与分析本工种技术质量问题→GMP 知识、制剂生产知识、设备使用知识→GMP/YWZJ/ZJSB	13. 药学信息检索→YXXX
	16. 按要求参加有关的试生产操作，参与本工种小试验及进行新产品试生产→药物制剂生产知识、制剂设备使用知识→YWZJ/ZJSB/DGSX	14. 仪器分析→YQFX 15. 环境保护、劳动保护法规
	17. 掌握本剂型其他工种的一般工艺操作方法→GMP 知识、制剂生产知识、设备使用知识→GMP/YWZJ/ZJSB/DGSX	16. 电工原理
	18. 有查阅国内与本剂型有关资料的能力→药学信息查阅知识→YXXX	
冲模保管	1. 正确使用、维护及保养本工种设备，如对压片机进行拆装、调整、冲模的检查、清洗、保养等→制剂设备的使用与保养知识→ZJSB	
	2. 按生产工艺要求，提出对冲模的选型和合理化建议→制剂生产工艺、制剂设备选型→YWZJ/ZJSB	
	3. 掌握本剂型其他工种的一般工艺操作方法→GMP 知识、制剂生产知识、设备使用知识→GMP/YWZJ/ZJSB/DGSX	
	4. 有查阅国内与本剂型有关资料的能力→药学信息查阅知识→YXXX	

表 2-3　注射剂调剂工岗位专项能力及专业知识分析

任务	岗位专项能力与对应的知识及课程	课程→代号
配料	1. 核对品名、批准文号、物料代码、批号、数量及包装情况的能力 →药品生产管理知识→GMP	1. 药品生产质量管理规范→GMP 2. 有机化学→YJ 3. 无机化学→WJ 4. 药物化学→YH 5. 药理学→YL 6. 安全生产技术→AQSC 7. 制剂设备→ZJSB 8. 药物制剂技术→YWZJ 9. 顶岗实习→DGSX 10. 制剂实训→ZJSX 11. 微生物→WSW 12. 药品检验技术→YWJY 13. 药学信息检索→YXJS 14. 仪器分析→YQFX 15. 环境保护、劳动保护法规
	2. 有对本工种原辅料判别能力，熟悉本工种毒性、精神、麻醉原辅料、有机溶剂对人体的影响、防护知识及对事故的处理方法 →原辅料药物性质、用途、毒性及安全有关知识→WJ/YJ/YH/YL/AQSC	
	3. 按生产指令核对投料量；小量试生产时按处方熟练计算投料量 →药品生产管理知识及投料计算→GMP/YWZJ	
	4. 熟悉《药品生产质量管理规范》对本工序的要求，按照岗位SOP进行生产并正确填写生产记录 →药品生产及管理知识→GMP/YWZJ/ZJSB/DGSX	
	5. 熟练使用、维护保养本工序的计量器具 →天平、电子秤、量筒等的使用→ZJSX/DGSX	
	6. 正确选用灭菌、消毒、除热原的方法对容器具进行灭菌、消毒、除热原，以消除微生物、热原的污染 →微生物种类及生长、繁殖、危害、消除等知识，热原性质、来源、危害及除去方法→WSW	
溶解	1. 有对本工种原辅料、半成品的判别能力 原辅料药物性质、用途、毒性及安全有关知识，半成品有关知识→WJ/YJ/YH/YL/AQSC/YWZJ/DGSX	
	2. 熟练掌握本工种的全部操作，并具有对本工种岗位技术安全操作法和岗位标准操作程序提出改进意见的能力 →设备使用知识、药物制剂配制知识、安全生产及管理知识→ZJSB/YWZJ/AQSC/GMP/ZJSX/DGSX	
	3. 解决本工种pH值偏离、色泽不符合要求、热原污染等质量问题 →制剂配制知识、pH值检测调节、原辅料药性质、微生物生长、繁殖、危害、消除等知识，热原性质、来源、危害及除去方法→YWZJ/FX/WJ/YH/WSW	
	4. 有对本工种重点工艺条件及半成品质量的控制能力及质量自检能力 →制剂生产、质量检验知识→YWZJ/ZJSB/YPJY/DGSX	
	5. 正确选用灭菌、消毒、除热原方法对环境、设备、容器具进行灭菌、消毒、除热原→微生物生长、繁殖、危害、消除等知识，热原性质、来源、危害及除去方法，制剂设备知识→WSW/ZJSB	
	6. 具有调整本工种药液含量的计算能力 →药物制剂配制及调整浓度的计算→YWZJ/WJ/DGSX	
	7. 熟练掌握本工种各类设备生产能力的计算及物料衡算 →设备生产能力的计算及物料衡算→ZJSB/YWZJ/DGSX	

续表

任务	岗位专项能力与对应的知识及课程	课程→代号
溶解	8. 绘制本剂型的生产工艺流程示意图和本工种带工艺质量控制点的生产工艺流程图 →工艺流程示意图及工艺流程图的绘制→ZYST/YWZJ/ZJSB	1. 药品生产质量管理规范→GMP 2. 有机化学→YJ 3. 无机化学→WJ 4. 药物化学→YH 5. 药理学→YL 6. 安全生产技术→AQSC 7. 制剂设备→ZJSB 8. 药物制剂技术→YWZJ 9. 顶岗实习→DGSX 10. 制剂实训→ZJSX 11. 微生物→WSW 12. 药品检验技术→YWJY 13. 药学信息检索→YXJS 14. 仪器分析→YQFX 15. 环境保护、劳动保护法规
	9. 看懂本工序单体设备及设备零部件图（配液罐）→识图知识→ZYST/ZJSB	
	10. 绘制本工种单体设备简图及设备平面布置图 →绘图知识、设备知识→ZYST/ZJSB	
	11. 对本工序配液罐及其附件等熟练地进行拆卸、安装、清洗、灭菌、消毒、除热原，并会使用及维护保养 →制剂设备使用、微生物及热原的除去→ZJSB/YWZJ/WSW	
	12. 根据本工种生产工艺要求提出定型设备的选型 →制剂生产工艺、制剂设备选型→YWZJ/ZJSB	
	13. 生产过程中突然停电、停水、停气等能立即采取相应措施 →突发事件的处理能力→AQSC/YH/YWZJ/WSW/DGSX	
	14. 正确使用本工种各类灭火器材 →安全生产知识→AQSC	
	15. 对全面质量管理及微机控制等现代化管理方法具有应用能力 →计算机知识、GMP→JSJ/GMP	
	16. 按规定工艺要求进行本工种新产品的试验及试产工作 →药物制剂生产知识、制剂设备使用知识→YWZJ/ZJSB	
	17. 有查阅本剂型国内有关资料的能力 →药学信息查阅知识→YXXX	
吸附与过滤	1. 核对品名、批准文号、物料代码、批号、数量及包装情况的能力 →药品生产管理知识→GMP	
	2. 有对本工序辅料、半成品的判别能力→辅料药性质、用途、毒性及安全有关知识，半成品有关知识 →WJ/YJ/YH/YL/AQSC/YWZJ/DGSX	
	3. 熟练掌握本工种的全部操作，并具有对本工种岗位技术安全操作法和岗位标准操作程序提出改进意见的能力 →设备使用知识、药物制剂配制知识、安全生产及管理知识→ZJSB/YWZJ/AQSC/GMP/ZJSX/DGSX	
	4. 解决本工种色泽不符合要求、热原污染等质量问题 →药物制剂配制、药物化学性质、微生物及热原污染、除去知识→YWZJ/YH/WSW	
	5. 有对本工种重点工艺条件及半成品质量（澄明度）的控制能力及质量自检能力 →制剂生产、质量检验知识→YWZJ/ZJSB/YPJY/DGSX	
	6. 正确选用灭菌、消毒、除热原方法对环境、容器具进行灭菌、消毒、除热原，以消除微生物、热原的污染 →微生物生长、繁殖、危害、消除等知识，热原性质、来源、危害及除去方法，制剂设备知识→WSW/ZJSB	

续表

任务	岗位专项能力与对应的知识及课程	课程→代号
吸附与过滤	7. 看懂本工序单体设备及设备零部件图 →识图知识→ZYST/ZJSB	10. 制剂实训→ZJSX 11. 微生物→WSW 12. 药品检验技术→YWJY 13. 药学信息检索→YXJS 14. 仪器分析→YQFX 15. 环境保护、劳动保护法规
	8. 熟练使用、维护保养本工种的计量器具、电器、仪器、仪表 →计量器具、电器、仪器、仪表的使用及保养知识→ZJSX/YQFX/DGSX	
	9. 对本工序压滤器、输液泵及其附件、管道等熟练地进行拆卸、安装、清洗、消毒、使用及维护保养 →制剂设备使用与保养知识、消毒灭菌知识→ZJSB/WSW/DGSX	
	10. 根据本工种生产工艺要求提出定型设备的选型→制剂生产工艺、制剂设备选型→YWZJ/ZJSB	
	11. 生产过程中突然停电、停水、停气等能立即采取相应措施→突发事件的处理能力→AQSC/YH/YWZJ/WSW/DGSX	
	12. 正确使用本工种各类灭火器材 →安生产知识→AQSC	

2. 人才培养模式

实行校企"双主体"人才培养模式，药物制剂技术专业凭借学院与行业企业深厚的合作关系，与一批有行业影响力的企业紧密合作，每年到制药企业进行调研，分析岗位能力，明晰人才培养目标，聘请企业专家分析、验收调研报告，完善课程体系，与制药企业人员共同制定人才培养方案，按企业岗位技能要求设置专业课程内容。以药物制剂生产与质量检验能力培养为主线，分析和确定岗位能力，融入职业资格标准，以真实工作任务为载体开发课程教学内容，将知识及技能要求与具体工作任务联系起来，使课程内容与企业实践紧密结合；并根据毕业生就业反馈情况和企业发展的需求，对课程体系和教学计划进行相应的调整和完善。校企双方共建专业，企业全面参与人才培养的全过程，在人才需求分析、课程开发、教材编写、教学资源建设、双师结构教学团队和实训基地建设、课程考核、教学质量评价、学生技能竞赛、就业指导等，都全程参与并充分发挥各自的优势。高等职业院校坚持育人为本，德育为先，本着"做药先做人，做人先立信"的医药职业理念，本专业把职业道德、职业素养、职业生涯和就业创业结合起来，把日常行为养成和重点指导帮助结合起来，贯穿于学生培养的全过程中。

校企深度合作，共同探索订单式的人才培养模式，2011 年和 2012 年天津生物职业技术学院与天津百特医疗用品有限公司进行校企合作，开办了两期"百特订单班"，学生的工作岗位是输液剂的生产及检验；2012年天津生物职业技术学院与天津新冠制药有限公司进行校企合作，开办了"新冠订单班"，学生的工作岗位是片剂的生产及检验。校企双方共同确定了人才培养目标，根据岗位职业要求，合作制定了人才培养方案，同时将生产实际融入专业教学，校企共同开发课程；明确了"就业导向，校企共育，学做融合，无缝对接"的人才培养模式，探索以行业、企业紧密结合为特色的专业建设思路。

3. 课程体系

依据区域经济和企业发展岗位需求以及各校专业特色制定，并结合工作过程分解具体设置课程体系。围绕高素质技能型人才培养目标，综合考虑学生基本素质、职业能力与可持续发展能力培养，参照职业岗位任职要求，引入行业企业技术标准或规范，体现职业岗位群的任职要求、紧贴行业或产业领域的最新发展变化；并将职业素养培养贯穿于教学过程的始终（表2－4）。

表2－4　课程体系结构表

类型	序号	相关课程	备注
公共基础课程	1	入学教育	参照教育部有关文件执行
	2	英语	
	3	形势与政策	
	4	大学生心理健康	
	5	计算机应用基础	
	6	体育与健康	
	7	思想道德修养与法律基础	
	8	毛泽东思想与中国特色社会主义体系概论	
	9	医药行业职业道德与就业指导	
	10	医药行业社会实践	

续表

类型	序号	相关课程	备注
公共基础课程	11	医药行业安全规范	参照教育部有关文件执行
	12	医药行业卫生学基础	
	13	医药行业法律与法规	
专业基础课程	14	药用基础化学	根据实际情况，一部分课程可在企业完成
	15	药用有机化学	
	16	实用微生物	
	17	药物学基础	
	18	制药识图	
	19	实用药物化学	
	20	药品检验技术	
专业核心课程	21	制剂设备及机电一体化	
	22	药物制剂技术	
	23	药物制剂工艺实训	
选修课程	24	大学生礼仪	根据实际情况，一部分课程可在校外实训基地完成
	25	艺术欣赏	
	26	应用文写作	
	27	专业英语	
	28	药学综合知识	
	29	药物新剂型与新技术	
	30	药品市场营销	
	31	化学制药技术	
	32	中药制剂技术	
技能训练课程	33	液体制剂综合实训	在企业完成
	34	半固体制剂综合实训	
	35	固体制剂综合实训	
	36	顶岗实习	

三、学期安排、课程学习与技能提高

(一) 学期安排

1. 第 1、2 学期

完成公共基础模块的教学。基础课程以"必需、够用"为度，以基本技能培养为目的，分为学院公共基础课、行业公共基础课和专业基础课，使学生具备较强学习能力和接受新技术的能力。依托校内外实训基地，通过企业认知实习，为培养学生药物制剂技术应用能力打基础。

第一学年的课程主要集中在公共基础模块，分为学院公共基础课程和行业公共基础课程。

学院公共基础课程主要有：大学生心理健康、毛泽东思想和中国特色社会主义理论体系概论英语、计算机基础、体育、医药行业职业道德与就业指导、医药行业社会实践等课程。学院公共基础课程的设置主要是使学生掌握大学生应具有的基本能力和职业素养。

行业公共基础课程主要有：医药行业安全规范、医药行业卫生学基础、医药行业法律与法规。通过这些课程的学习，应掌握进入本行业应该具备的基本职业知识、能力和职业素养。

专业基础课程在第一学年会开设药用基础化学、药用有机化学、实用微生物。

2. 第 3、4 学期

完成专业技术模块的学习，采用校内实训与校外实训相结合，第二学年的专业技术模块课程分为专业基础课和专业核心课。专业基础课有：药用基础化学、药用有机化学、实用微生物、药物学基础、制药识图、实用药物化学及药品检验技术。

专业核心课有：制剂设备及机电一体化、药物制剂技术。

3. 第 5、6 学期

通过综合实训课程的学习，顶岗实习与就业岗位相结合，在对口岗位强化对药物制剂生产与质量控制能力的培养，实现专业教学与企业生产融合。教师与学生参与企业生产过程，企业技术骨干参与人才培养过程，学校老师和企业专业技术人员对学生共同指导、管理和考核，将诚信教育、爱岗敬业等职业道德与素质教育融入人才培养过程。

（二）主要课程简介

1. 公共基础模块

（1）学院公共基础课程

①军训　新生入学即开展军训，军训的过程就是培养学生热爱祖国、建设祖国、保卫祖国，以其吃苦耐劳的坚强意志和品质，献身于我国社会主义事业的教育过程。通过训练，培养学生自强、热情、团结的意识；强化了学生的组织纪律观念，倡导了团结精神；通过检查评比和观摩活动，激励竞争意识。

②专业入门　本课程教学内容分为四个模块：准备好，现在就出发；学技能，就业有实力；行业好，发展有潜力；素质强，创业有能力。通过本课程的学习，使学生对本专业相关行业背景及发展和职业的岗位职责、工作要求、就业前景、发展空间及所应具备的条件等有详尽的认识和实际分析；指导学生进行职业生涯设计、职业选择的评估；使学生对未来三年的人才培养方案和所要学习的课程及实训安排有初步的认识和计划。

③大学生心理健康　本课程以邓小平理论、"三个代表"重要思想为指导，深入贯彻落实科学发展观，坚持心理和谐的教育理念，对学生进行心理健康的基本知识、方法和意识的教育。其任务是提高全体学生的心理素质，帮助学生正确认识和处理成长、学习、生活和求职就业中遇到的心理行为问题，促进其身心全面和谐发展。帮助学生了解心理健康的基本知识，树立心理健康意识，掌握心理调适的方法。指导学生正确处理各种人际关系，学会合作与竞争，培养职业兴趣，提高应对挫折、求职就业、适应社会的能力。正确认识自我，学会有效学习，确立符合自身发展的积极生活目标，培养责任感、义务感和创新精神，养成自信、自律、敬业、乐观的心理品质，提高全体学生的心理健康水平和职业心理素质。

④思想道德修养与法律基础　本课程是高校思想政治理论课的必修课程。该课程从当代大学生面临和关心的实际问题出发，以正确的人生观、价值观、道德观和法制观教育为主线，通过理论学习和实践体验，帮助大

学生形成崇高的理想信念，弘扬伟大的爱国主义精神，确立正确的人生观和价值观，牢固树立社会主义荣辱观，培养良好的思想道德素质和法律素质，进一步提高分辨是非、善恶、美丑和加强自我修养的能力，为逐渐成为德智体美全面发展的社会主义事业的合格建设者和可靠接班人，打下扎实的思想道德和法律基础。

⑤毛泽东思想和中国特色社会主义理论体系概论　本课程是高校大学生必修的马克思主义理论课程。课程比较系统地论述了毛泽东思想、邓小平理论、"三个代表"重要思想和科学发展观的科学内涵、形成发展过程、科学体系、历史地位、指导意义、基本观点以及中国特色社会主义建设的路线、方针、政策。本课程的主要任务是通过学习，让当代大学生理解毛泽东思想和中国特色社会主义理论体系的基本知识与基本理论，树立建设中国特色社会主义的坚定信念，培养运用马克思主义的立场、观点、和方法分析和解决问题的能力，增强在中国共产党领导下全面建设小康社会、加快推进社会主义现代化的自觉性和坚定性；引导大学生正确认识肩负的历史使命，努力成为德智体美全面发展的中国特色社会主义事业的建设者和接班人。

⑥形势与政策　本课程以邓小平理论和"三个代表"重要思想为指导，全面贯彻落实科学发展观，构建社会主义和谐社会的指导思想，紧密结合国内外政治经济形势的发展变化，结合大学生思想实际，针对国内外重大热点问题，进行引导教育，以期帮助大学生进一步树立正确的形势观、政策观、荣辱观，增强社会责任感和使命感，坚定在中国共产党领导下走中国特色社会主义道路的信心和决心，积极投身改革开放和现代化建设伟大事业。

⑦英语　本课程是一门公共英语课程，注重语言基本技能的训练与培养学生使用能力相结合，使二者融为一体，并贯彻始终。听、说、读、写技能的培养有分有合，突出综合训练，做到"学为了用，学用结合"，把握"应用与应试"结合，"以应用为目的，实用为主，够用为度"的教学方向。

本课程教学内容以实用英语为基础，培养学生实际应用能力。使学生做到："听"懂对话及短文，并能完成对应练习；"说"出简单的与日常生活相关的话题；"读"懂篇幅适中的文章，在理解的基础上完成相关的练习；"写"出实用性作文，尽量避免语法错误，用词恰当；掌握相关的语法知识；通过高等学校英语应用能力B级考试。

⑧计算机应用基础　本课程教学内容包括计算机基础知识、操作系统、汉字输入方法、中文Word的使用、中文Excel的使用、中文Power-Point的使用、计算机网络与Internet、计算机外部设备、常用工具软件。

通过本课程的教学，不仅让学生掌握计算机的基础知识，而且初步具有利用计算机分析问题、解决问题的意识与能力，提高学生的计算机素质，为将来应用计算机知识和技能解决专业实际问题打下基础；通过天津市高等职业教育计算机应用能力等级考试一级。

⑨体育　本课程打破以竞技运动为内容、以身体素质和技能达标为目标的传统体育教学体系，确立了以终身体育意识和运动技能为内容、以学生身心健康为目标的新型体育教学体系，改变了单一课堂教学的狭隘模式，构建了集课堂教学、课外锻炼、运动训练为一体的课内外一体化的课程教学新模式。教学方法也突破了长年沿袭的重视竞技运动技能教学的形式，转向根据普通大学生的身心特点和终身体育需求进行教学，创建了新型的教学体系。根据我院学生人才培养方案，在教学过程中注重"工学结合"，全面推进学生素质教育，深化体育教学改革，树立"健康第一"的指导思想，以学生的心理活动为导向，面向全体学生，做到人人享有体育，人人都有进步，人人拥有健康。

（2）行业公共基础课程

①医药行业职业道德与就业指导　本课程教学内容包括医药行业企业认知、职业道德基本规范、医药行业职业道德规范及修养、职业生涯规划设计、中外大学生职业生涯规划对比、树立正确的就业观、求职准备、就业有关制度法律等内容。通过认知医药行业企业的特点、强化医药行业职业道德规范的重要性，正确教育和引导学生职业生涯发展的自主意识，树立正确的择业观、就业观，促使大学生理性地规划自身未来，促进学生知识、能力、人格协调发展，达到学会做人、学会做事，把不断实现自身价

值，与为国家和社会做出贡献统一起来。

②医药行业社会实践 本课程教学内容包括大学生社会实践概论、大学生社会实践类型及组织、大学生社会实践设计、大学生社会实践的常识和方法、大学生社会实践常用之书五个项目，为突出学生实践技能的培养与锻炼，每个项目都安排了实际演练题目，使大学生不仅掌握实践理论知识，更懂得如何将理论付诸实践。

大学生参加社会实践活动能够促进他们对社会的了解，提高自身对经济和社会发展现状的认识，实现书本知识和实践知识的更好结合，帮助其树立正确的世界观、人生观和价值观。也对未来能在所任职的岗位上发挥青年才智具有重大推动作用。为此，在学生未正式走上工作岗位之前，对学生进行社会实践教育是非常重要的。

③医药行业安全规范 本课程教学内容包括医药行业防火防爆防毒安全生产管理、医药行业电气安全管理和医药行业职工健康保护三方面的知识。通过本教材的学习，学生可以提高安全生产的意识并具备一定的安全防护和急救技能。

④医药行业卫生学基础 本课程教学内容包括微生物基础知识、药品生产过程中卫生管理知识和要求、药品制造车间的洁净区作业知识以及医药行业常用的消毒灭菌技术。通过本课程的学习，便学生掌握GMP对制药卫生的具体要求和基本技能并具备药品生产企业的生产和卫生管理等能力；使学生具备运用消毒和灭菌技术对制药环境、车间、工艺、个人卫生进行管理的能力；培养学生养成遵纪守法、善于与人沟通合作、求实敬业的良好职业素质。

⑤医药行业法律与法规 本课程面向全院各专业，采用宽基础，活模块的形式，教学内容包括基础项目和选学项目，通过本课程基础项目的学习使学生了解我国药事管理的体制和基本知识，同时使学生了解我国医药行业的各类法律法规，并重点了解《药品生产质量管理规范》（GMP），《中药材生产质量管理规范》（GAP）、《药物非临床研究质量管理规范》（GLP）、《药品经营质量管理规范》（GSP）。学生可根据专业需要选择相应的选学项目进行学习，有针对性地对《药品生产质量管理规范》

（GMP）、《药物非临床研究质量管理规范》（GLP）、《药品经营质量管理规范》（GSP）进行系统的学习，为从事医药行业的各项药事工作奠定基础。

2. 专业技术模块

（1）专业核心基础课程

①药用基础化学　本课程教学内容包括无机化学、分析化学及物理化学；学习物质的聚集状态，化学反应的能量变化、方向与限度，化学反应速率，电解质溶液，酸碱、沉淀、氧化还原、配位等反应的规律及其在定量分析上的应用，物质结构，重要的元素及其化合物，常见无机药物；学习误差和分析结果的数据处理，电化学分析法，光谱分析法，色谱分析法，稀溶液依数性，表面现象和胶体等。

②药用有机化学　本课程教学内容包括各类常见有机化合物的结构、命名、性质、反应历程、鉴别方法、制备方法以及各类异构现象、立体有机化学的基本知识，为药物化学及其他专业课的学习奠定基础。

③实用微生物　本课程教学内容包括药物制剂生产中常见的微生物的形态、结构、分类及生理生化特性、代谢、遗传变异，药物制剂生产中常用的消毒与灭菌的方法。

④药物学基础　本课程教学内容包括麻醉类药物、精神类药物在制剂生产中的注意事项，学习常见药物的基本作用、临床应用、不良反应，常见疾病的药物选择、使用注意事项，为学生今后为从事药品生产及其他药学工作奠定基础。

⑤制药识图　本课程教学内容包括制图识图的基本技能，主要学习三视图、轴测图、化工设备图、工艺流程图的绘制及识读。通过动脑动手的锻炼，体会工作状态，培养学生耐心、细心、专心地踏实工作精神。教学中运用任务式布置的方法，提高学生的专注度、科学思维、指导实践的能力。本课程可以为制剂设备等后续课程的学习奠定基础。

⑥实用药物化学　本课程教学内容包括药物化学的基本理论、基本知识和基本技能及在制剂生产中的应用；主要药物的结构、性质及药理作用、重点药物的构效关系。了解药物化学的新理论和应用的进展。

⑦药品检验技术　本课程教学内容包括药物的鉴定、检查、含量测定

的原理、主要方法和技能，学习片剂、胶囊剂、注射剂等常见剂型的质量检测方法及常用仪器的使用；了解现代分析方法在药品质量检验上的应用。

（2）专业核心技术课程

①制剂设备及机电一体化　本课程教学内容包括药物制剂生产设备、蒸馏和制水设备、药材提取、浓缩与干燥设备、物料输送、滤过与均化设备及灭菌设备的使用及维护知识与技能；将机械技术与微电子技术和信息技术有机的结合，使学生掌握机电一体化的基本操作技能。

②药物制剂技术　本课程教学内容包括药物制剂生产与质量控制技术，通过本课程学习，使学生掌握临床常用剂型的特点、处方组成及药物制剂稳定性等知识，掌握常见剂型的生产工艺、生产技术、质量控制等技能。

3. 技能训练模块

（1）岗位综合实训

①药物制剂工艺实训　本课程教学内容包括常用药物剂型的制备原理、工艺过程和生产方法及主要制剂设备的操作、维护与清洁。

②液体制剂综合实训　本课程教学内容包括内服及外用的液体制剂、注射剂、滴眼剂等的制备，将所学知识及技能与企业生产实践相结合。

③半固体制剂综合实训　本课程教学内容包括软膏剂、栓剂、滴丸剂等的制备，将所学知识及技能与企业生产实践相结合。

④固体制剂综合实训　本课程教学内容包括胶囊剂、片剂、散剂、颗粒剂等的制备，将所学知识及技能与企业生产实践相结合。

（2）顶岗实习　本课程教学内容包括真实的职业训练和工作体验，在实际的岗位中将理论与实践相结合，加深对自己所学专业知识和技能的认识，在真实工作环境中培养严谨的工作作风、良好的职业道德，促进职业能力和职业素养的提高，同时增加对社会的了解，增强就业能力和社会适应能力。

（三）学习方法

生命科学是一个飞速发展的科学领域，也是建立在实验基础之上的科学领域。要想取得理想的学习效果，必须掌握科学的、高效的学习方法。

1. 加强基础知识的学习

基础理论是掌握实践技能的前提。药物制剂技术基础理论采用的学习方法很多，简单介绍几种。

（1）分析和综合的方法 分析与综合是基本的思维过程，所谓分析，就是在思考的过程中把整体事物分解为不同的组成部分，然后把事物的个别特征或属性分析出来；所谓综合，就是在思考过程中把事物的各个特征、属性联系起来，各个部分联合成一个整体。在实际运用时，既可以先分析后综合，也可以先综合后分析，还可以边分析边综合。分析和综合是学习中经常使用的方法，两者密切联系，不可分割。分析和综合是相互依赖和相互对立的两个方面。分析的目的是为了综合，综合必须以分析为基础。

（2）比较和分类的方法 比较就是把有关的知识加以对比，以确定它们之间的异同点的思维方法。一般是寻找知识之间的相同之处，即异中求同；或者是在寻找出事物之间相同之处的基础上再找出不同之处，即同中求异。分类是按照一定的标准，把知识进行分门别类的思维方法。根据共同点将事物归合为较大的类；根据差异点将事物划分为较小的类。是指在比较的基础上，根据事物之间的异同点，将事物区分为不同种类或不同等级系统的一种逻辑方法。特性是划分事物的根据，共性则是归合事物的依据。

（3）系统化和具体化的方法 系统化就是把各种有关的知识纳入一定顺序或体系的思维方法。系统化不是单纯知识的分门别类，而是把知识进行系统整理，使其构成一个比较完整的体系。系统化就是在概括的基础上，把整体的各个部分归入某种顺序，在这个顺序中，各个组成部分彼此发生一定联系和关系，构成一个统一的整体的思维方法。如将学习过的知识进行小结，将分散的各章节的某重要知识或某个方法等进行系统整理，这些都是系统化的方法。具体化是把概括的知识用于具体的、个别的场合的思维方法。可以采用编写提纲、列出图表等方法，把学过的知识进行系统的整理。具体化使一般的、抽象的东西和直观的、感性的或熟悉的东西联系起来，从而变得易于理解。在学习一般原理、原则时举出具体的例子，如运用某种公式、规律，去解决某些问题，或解释某些现象。

（4）抽象和概括的方法　抽象就是在思考过程中从同类事物中的各种属性和特征中，抽出其中最重要和最本质的东西，而去掉表面的和次要的内容。概括就是把抽取出来的个别事物的本质属性，归纳成同类事物的普遍的东西。所以概括出来的属性不只是个别事物的属性，而是该类事物的共有的本质的属性。抽象和概括也是互为前提的，相辅相成的在学习过程中应有意识地抽象中加以概括，概括中加以抽象，以达到对知识正确、深入的掌握。

（5）联想和派生的方法　联想是指即根据教材内容，巧妙地利用联想帮助记忆。可以理论联系实际，理论联系生产。派生是以某一重要的知识点为核心，通过思维的发散过程，把与之有关的其他知识尽可能多地建立起联系。这种方法多用于章节知识的总结或复习，也可用于将分散在各章节中的相关知识联系在一起。

2. 注重实践操作，加强操作的规范性

药剂学是建立在实践基础上的科学，药物制剂技术专业更是注重实践操作的一个专业。要想在本专业上有所建树，就必须有熟练和规范的实践操作技能。这样就要求同学们在今后的学习中不仅要重视每次的实验实训机会，多观察、多思考、多提问、多动手操作；而且要珍视每次到企业实习的经历，感受真实的工作环境，在做中学，在学中做，不断提高自己的专业技术水平和专业技能。通过实践，不仅能够帮助同学们加深基本理论知识的理解和掌握，而且能培养观察、思维能力、动手操作能力和创造能力。

另外，操作的规范性也是要重点注意的问题。要做到规范的操作，首先要提前预习；其次，注意听老师的讲解，看老师的示范过程；最后，要注意观察、记录与分析，总结和反思自己的操作过程和结果，并进行讨论。

3. 养成良好的自我学习、自我提升的能力

大学学习不同于中学阶段的学习，是一个自我学习、自我管理的过程。光听老师上课讲以及学习书本上的内容是远远不够的。要注意广泛涉猎专业知识，阅读专业书籍。这里有一些方法值得借鉴：

首先，要培养兴趣。兴趣是最好的老师和学习的动力。有了兴趣，学习专业知识就会轻松很多。兴趣的培养可以多看科技史方面的书籍，由浅入深的阅读专业方面的书籍。另外，要注意一点，在大学里，书本只是学习课程的一本参考书而已，掌握书本上的知识对于专业技能的提升是远远不够的，要多看经典的专业书籍。

其次，要勤做笔记，善做笔记。这里的笔记不仅指的是课堂笔记，还指阅读笔记。记课堂笔记是集中注意力的最有效办法。在记笔记的过程中，要多听、多想、多思考，而不是将老师原话都记下来，而是要学会有重点的记，在书上做好批注。阅读笔记是一种阅读课外专业书籍时需要做的笔记。记阅读笔记最大的好处就是能将所得所想都体现在笔记中，加深印象，进一步为拓展思维打下良好的基础。

再次，要善于进行自我时间管理。比如，准备一个本子，将每天要做的事情罗列在上面；将要阅读的书籍罗列上面，做到有计划，才会将来有实施；将平时所感所想记在上面，以备将来总结之用。总之，时间管理要求同学们目标具体且有计划性，抓住零散时间做好每一件事。

知识链接

大学生应该如何学习

中国教育科学研究院　王春春

大学生的主要任务之一就是掌握扎实的专业知识，现代社会的一个重要特征就是各种信息浩如烟海，知识更新速度可谓日新月异，大学生如果不主动学习，不懂得鉴别，也不善于更新知识，则很快会被时代淘汰；而要想在有限的大学四年里掌握所有的学科专业知识，则既不现实，也不可能。因此，大学生尤其需要利用宝贵的大学时光，有方法、有选择、有鉴别地、有系统地汲取知识，并将知识内化为能力和素质，为日后的可持续发展奠定坚实的基础。

　　大学和中学的教育性质本来就有很大不同，因此，必须根据大学的教育规律来选择合适的学习方法。上中学时，老师会不断重复每一课的关键内容，但进入大学后，更多的却是"师傅引进门，修行在个人"，也就是说，课堂教学往往是提纲挈领式的，老师只是"引路人"，在课堂上只讲难点、疑点、重点或者是其最有心得的一部分，大学生惟有主动走在老师的前面，自主地学习、思考、探索和实践，培养和提高自学能力，才能在课堂上获得最大的收获。这难免意味着大学生的课外学习任务更重，但是，大学生的学习能力也正是在这个过程中得到提高的。

　　与高中时代单纯的学习时光相比，大学生活更加丰富多彩，大学生不仅要学习，还要参加各种实践活动，用于学习的时间和精力确实相对有限，但与此同时，大学生可以自己支配的时间也更多了，因此，科学的安排好时间对成就学业非常重要。吴晗在《学习集》中说："掌握所有空闲的时间加以妥善利用，一天即使学习 1 小时，一年就积累 365 小时，积零为整，时间就被征服了。想成事业，必须珍惜时间。"华罗庚也曾说"时间是由分秒积成的，善于利用零星时间的人，才会做出更大的成绩来"。

　　学过的知识的确会随着时光的流逝而被遗忘，但是，如果能够将知识消化、吸收，并内化成为自己的能力和素质，那么知识的恒久价值便会体现出来。微软公司曾做过一个统计：在每一名微软员工所掌握的知识内容里，只有大约 10% 是员工在过去的学习和工作中积累得到的，其他知识都是在加入微软后重新学习的。由此可见自学能力对个人持续发展的重要性，但这并不是说学校学习的知识不重要，恰恰相反，这种自学能力是通过学校学习获得。因此，大学生不仅要学习知识，还要下苦功夫学习，要学会举一反三；不仅要善于向他人学习，更要学会自学，学会无师自通。

　　"宝剑锋从磨砺出，梅花香自苦寒来"。打基础是需要下功夫的，要相信：今天的努力是不会白费的。

（摘自中国高职高专教育网）

（四）成绩评价

本专业积极与企业联合，共同探索适应现代化高端技能型人才培养要求的质量评价体系。学生在学习过程中，本专业围绕培养高端技能型人才为核心目标建立的评价体系，将学习能力、职业能力和综合素质有机结合，改革单一的评价模式，采用学期总评、职业技能鉴定、职业技能大赛等多样化评价形式。打破以考定学生优劣的评价方式，按照高职学生的认知特点，根据学科特性，采用多样化的评价方式，培养和提高学生的创新精神，使学生在成长过程中不断体验进步与成功，最终实现学生全面发展。

工学结合，校企合作，将企业岗位职业技能的要求和考核评价方式，纳入职业技能课程学生评价体系，对学生的职业意识、职业素质、职业技能进行全面评价，提高学生的职业适应能力，为企业选材、用材打下良好的基础。学生就业后，调研就业单位，考察毕业生的就业质量、企业满意度等指标，同时通过现代数字化信息系统及网络建立学生档案，用于追踪学生未来 5 年发展轨迹，完成教学质量监控。

1. 学习能力评价体系

现代化高职人才除具有扎实的理论功底外，还必须具有较强的动手能力，分析问题解决问题的能力。而学生学习是一个动态过程，是平时对基础知识和技能不断积累、加深理解和牢固掌握的过程。综合以上因素，对学生学习能力的评价采用形成性评价和终结性评价相结合的方式，课程的期末总评成绩由三部分组成：①平时测评，包括上课出勤、学习态度以及开放性作业（如：查找资料、课件制作、题目讨论等）；②项目测评，以实验、实训项目为载体，测评内容包括操作能力、工作态度、报告性总结等（如果没有实验、实训项目的课程此项改为阶段性测评）；③期末考试，包括试卷考核、操作考核等，主要考察基本知识理解和综合运用能力。评价者是每门课程任课教师。

2. 职业能力评价体系

职业能力8包括两方面：职业素养和职业岗位能力。职业素养包括基本素质和岗位素质两部分。本专业将职业素养教育单独列为一项评价标准，评审不合格者将影响其毕业，以此来约束不良行为，在学生中建立正确的、积极向上的学习、生活氛围。评价内容如表 2-5。

表 2 – 5　职业素养评价系统

项目	内容	标准	评价者	评价方式
基本素质	能遵守校园学生守则（包括：课堂守则、考试守则、宿舍管理守则等）	50 分	1. 辅导员 2. 任课教师（理论课） 3. 本班同学	每学期由辅导员、任课教师及同学给予相应测评，取三者平均分按比例加和为该学生基本素质测评结果，最后由辅导员汇总
	待人接物礼貌周到			
	有良好的个人形象（言语文明、举止得体、衣着整洁、学习生活态度积极向上等）			
岗位素质	有良好的卫生习惯和意识	50 分	1. 任课教师（实践课） 2. 本组同学	任课教师及本组同学给予相应测评，取二者平均分，按比例加和为该学生岗位素质测评结果，最后由实践课老师汇总
	能严格按照标准操作规程操作			
	有较强纪律性			
	有团队合作意识			
	有吃苦耐劳的意识			

3. 综合素质评价体系

综合素质评价是对学生的科学文化素质、思想道德素质以及身心健康素质的综合评定，通过量化处理得出综合素质成绩。该成绩作为评定优秀学生奖学金、三好学生、优秀学生干部、十佳大学生、优秀毕业生以及推荐就业的重要依据。综合素质测评成绩 = 科学文化素质（占 60%）+ 思想道德素质（占 30%）+ 身心健康素质（占 10%）。其中各部分成绩分布如表 2 – 6。

表 2 – 6　综合素质评价体系

项目	比例	内容	加分情况	评价者	评价方式
科学文化素质	60%	学期各门成绩总和		任课教师	每学期由辅导员将各部分成绩和加分情况汇总得出学生综合素质测评成绩
思想道德素质	30%	1. 职业素养评定成绩		辅导员汇总院、系学生会干部和成员，各社团负责人由系书记、主任负责和相关教师；班级干部由辅导员、班级学生负责	
		2. 干部任职表现额外加分	院、系学生会干部、班级班长、团支书根据表现情况有 3 ~ 5 分的加分；班级其他干部、各社团负责人、学生会成员根据表现情况有 1 ~ 3 分的加分；身兼数职时，取其任职最高分项标准计最高分，其他任职不计分		
		3. 其他好人好事加分	公益捐款、帮助同学、校外做好事等		

续表

项目	比例	内容	加分情况	评价者	评价方式
身心健康素质	10%	文体竞赛项目奖励分	活动等级不同给予奖励分不同，国家级取前三名分别奖励5分、4分、3分、参与分2分；市级取前三名分别奖励4分、3分、2分、参与分1分；校级取前三名分别奖励3分、2分、1分，参与分0.5分	院、系文艺部、体育部汇总	每学期由辅导员将各部分成绩和加分情况汇总得出学生综合素质测评成绩
		技能竞赛奖励分	国家级取得名次为6分、优秀奖5分、参与分2分；市级取得名次为5分、优秀奖4分、参与分1分，校级取取前三名分别奖励3分、2分、1分，参与分0.5分	系部汇总	

4. 人才培养质量"第三方"评价体系

逐步健全用人单位、行业协会、学生及其家长等利益相关方共同参与的第三方人才培养质量评价制度，将毕业生就业率、就业质量、企业满意度、创业成效等作为衡量专业人才培养质量的重要指标，并对毕业生毕业后至少五年的发展轨迹进行持续追踪。及时公布每年的评价结果，加大办学透明度，将办学置于社会监督之下，逐步提高人才培养质量。

四、推荐专业期刊、书籍及资源

1.《中国医药工业杂志》

《中国医药工业杂志》是由上海医药工业研究院、国家发展和改革委员会医药工业信息中心站和中国化学制药工业协会主办的全国性医药科技刊物。创刊于1970年，本刊是我国医药工业领域内历史最长的技术刊物，重点报道我国医药工业生产和科技的成果和经验，及时介绍国际上制药新技术发展新动向，为提高生产科技水平和促进医药工业发展服务。读者对象为医药、生物技术、化工等行业的生产、科研、教学、临床、经营管理人员。

2.《药学学报》

《药学学报》由中国药学会主办的药学学术期刊。本刊为报道我国药学科研成果、促进国内外学术交流的综合性学术刊物，国内外公开发行。以探讨新理论，介绍新技术、新方法、新进展，开展学术交流为主要宗旨。发表文章包括药理学、合成药物化学、天然药物化学、药物分析学、生药学、药剂学与抗生素学等方面的研究论文、研究简报、综述、学术动态与述评等。

3.《中国药学杂志》

《中国药学杂志》创刊于 1953 年，是由中国药学会主办的我国药学界创刊最早，反映我国药学各学科发展和动态最具权威性、影响力的，发行量最大的综合性学术核心期刊之一。以发表高水平学术论文及学术交流动态为主，面向国内外公开发行，已经成为全国各大医院、药店、医药企业、科研院所和大专院校的临床医生、药剂师、生产、销售、高级科研及相关行政人员必备指导性期刊。

4.《医药世界》

《医药世界》杂志创办于 1999 年，是中华人民共和国卫生部主管、中华预防医学会第一主办的医药科普期刊，该杂志以"传播医药科学，倡导健康生活"为办刊宗旨，为社会提供医药科学普及的传媒服务。杂志的主干内容是大众关注的医药卫生热点问题，发掘热点背后的科学奥秘，展现医药科学最新研究成果，将医药科学变成人们的生活常识，引导人们的健康生活。杂志的辅助内容，是围绕人们健康生活所需要的求医问药问题，倡导读者形成健康的生活方式。

5.《师从天才》

《师从天才：一个科学王朝的崛起》作者罗伯特·卡尼格尔在书中把我们带进了一个充满智慧、趣味、竞争和创新的奇妙的科研王朝，展现了一个由美国国立卫生研究院（NIH）和约翰斯·霍普金斯大学的著名科学家群体构筑的世界，他们通过半个多世纪来在生物医学科学领域内的突破性贡献，赢得了拉斯克奖及诺贝尔奖。

6. 生物秀网站——生物医药门户网站

生物秀创建于 2003 年，是目前国内内容最专业、系统最完善和技术最先进的生物医药门户网站。旗下的我国生命科学论坛目前有近 100 个版块，基本涵盖了生命科学的所有专业及交叉学科，是生物专业相关人员进行学术交流、问题探讨和互帮互助的最专业的学术论坛之一，在行业内具有很高的知名度和影响力。

7. 丁香园网站——医学药学生命科学专业网站

丁香园是我国最大的面向医生、医疗机构、医药从业者以及生命科学领域人士的专业性社会化网络，提供医学、医疗、药学、生命科学等相关领域的交流平台、专业知识、专业技能。其中的丁香园论坛含100多个医药生物专业栏目，采取互动式交流，提供实验技术讨论、专业知识交流、文献检索服务。尤其其中的实验技术板块，包罗了生命科学专业各个方向的技术技能，具有很高的参考价值。

另外还有《中国新药杂志》、《中国医药报》、《医药导报》、《医药经济报》、《中国医学论坛报》、《中国新药与临床杂志》、《中国医院药学杂志》、《药物医学分析杂志》、《中国药房》、《海洋药物》、《营养与食品卫生》、《大众医学》、《家庭中医药》、《大众健康》、《东方药膳》、《药物与人》、《药理学杂志》、《数理医药学杂志》、《药理学通报》等。

任务二 学技能，实训有安排

一、实训室安全要求

（一）实训室消防安全检查制度

为加强实训室的管理，做好实训室消防安全工作，特制定本制度。

（1）在学院消防安全主管部门的指导下，实训室消防安全管理工作由实训中心主管部门负责，实训技术人员具体实施。

（2）加强消防宣传教育工作，提高全院师生的消防意识。各实训室要对存在的消防安全问题及时提出整改意见，做到预防为主，消除隐患。

（3）实训室要配备必要的消防设施，消防主管部门要定期检查实训室的各种消防设施，定期更换灭火器内容物，确保其处于完好可用状态。

（4）各实训室的消防设备和灭火工具，要有专人管理；实训室管理及教学人员要掌握消防设施的使用。

（5）不准破坏、挪用消防器材，违者追究其责任。

（6）实训室要做好防火、防爆、防盗工作；下班时要切断电源、气源，清除工作场地的可燃物，关好门窗。

（7）危险化学药品（易燃、易爆、麻醉、剧毒、强氧化剂、强还原剂、强腐蚀）要有专人管理，并严格遵守相关管理制度。

（8）各实训室新增用火、用电装置，要先报后勤管理处、保卫科，并经论证符合安全要求和批准后，方可增用。

（9）各实训室安装、修理电气设备须由电工人员进行；禁止使用不合格的保险装置及电线。

（10）实训室技术人员每周一次对实训室进行全面安全检查，并做好检查记录，发现情况应及时采取措施并上报有关部门。学院消防安全主管部门及实训室行政管理部门不定期对实训室进行安全检查。

（11）对违反消防安全规定和技术防范措施而造成火灾等安全事故的有关责任人，要视情节轻重给予处罚，触犯法律的，由司法机关依法追究其刑事责任。

（二）学生进出实验实训场所行为规范

凡进入实训场所参加实训的学生必须严格遵守以下流程：

（1）学生在进入实训场所之前不准在校园内的其他场所穿着实训服装。

（2）学生应携带实训服装进入实训场所，须在指定区域更换服装。

（3）学生更换实训服装后，将个人物品叠放整齐，放置在实训场所内的指定区域，整装后开始实践教学。

（4）实践教学结束后，在指定区域内更换实训服装，将实训服装叠整齐，整装后携带个人物品离开实训场所，不得穿着实训服装走出实训场所。

（5）实训结束后，要安排值日生做好实训室清洁卫生工作，实训仪器等物品要整理好，洗刷干净，按要求摆放整齐并请指导教师检查清点认可后方可离开。离开实训室前要切断电源、气源、熄灭余火，关好水龙头，锁好门窗。

（三）药物制剂实训室的废物处理

任何人进入药物制剂实训室时，必须要严格遵照实训室的安全条例，而且有熟悉这些条例的人在旁监督，否则将造成严重后果。

废弃物是指将要丢弃的所有物品。在实训室内，废弃物最终的处理方式与其污染被清除的情况紧密相关。实训室废弃物不可随意丢弃，必须进行分类，及时处理。实验室必须备有相应处理设施和工具。

1. 固体废弃物处理

实训室废弃试剂瓶如乙醇、乙酸等无毒无害试剂瓶可用自来水冲洗干净后废弃，由垃圾处理人员统一处理。其他玻璃废弃物，如吸管、试管、烧杯、量筒等若残留化学试剂也须冲洗干净后丢弃。

2. 废液的处理

（1）废液处理的注意事项

①及时处理　因一些含有害物质的废液只有操作人员自己才清楚里面含什么成分，需亲自动手及时处理。

②采用物理分离法　将粘附有有害物质的滤纸、称量纸等杂物清理出来，并用自来水冲净沾有的有害物质于废液中。

③充分了解废液的主要性质，进行处理时注意防止可能产生的发热、有毒气体、喷溅及爆炸等危险有所准备。

④尽量选用无害或易于处理的药品，防止二次污染。如用漂白粉处理含氰废水，用生石灰处理某些酸液等，还应尽量采用"以废治废"的方法，如利用废酸液处理废碱液。

⑤要选择没有破损及不会被废液腐蚀的容器进行收集。将所收集的废液的成分及含量，贴上明显的标签，并置于安全的地点保存。特别是毒性大的废液，尤要十分注意。

⑥对硫醇、胺等会发出臭味的废液和会产生氰、磷化氢等有毒气体的废液，以及易燃性大的二硫化碳、乙醚之类废液，要把它加以适当的处理，防止泄漏，并应尽快进行处理。

含有过氧化物、硝化甘油之类爆炸性物质的废液，要谨慎地操作，并应尽快处理。

一些废液不可相互混合，如：过氧化物与有机物；氰化物、硫化物、次氯酸盐与酸；盐酸、氢氟酸等挥发性酸与不挥发性酸；浓硫酸、磺酸、羟基酸、聚磷酸等酸类与其他的酸；铵盐、挥发性胺与碱。

（2）无机废液的处理

①对含汞废液，因其毒性大，经微生物等的作用后，会变成毒性更大的有机汞。因此，处理时必须做到充分安全，可用硫化物共沉淀法、活性炭吸附法或离子交换树脂法处理。

②对含有重金属的废液，要用氢氧化物共沉淀法或硫化物共沉淀法把重金属离子转变成难溶于水的氢氧化物或硫化物等的盐类，然后进行共沉淀而除去。

③对含氧化剂、还原剂的废液，原则上应将含氧化剂、还原剂的废液分别收集。但当把它们混合没有危险性时，也可以把它们收集在一起。

④对酸、碱、盐类废液，原则上应将其分别收集。但如果没有妨碍，可将其互相中和，或用其处理其他的废液。对其稀溶液，用大量水把它稀释到1%以下的浓度后，即可排放。

（3）有机溶剂废液的处理

①对于乙醇及醋酸之类有机溶剂，能被细菌作用而易于分解。故对这类溶剂的稀溶液，经用大量水稀释后，即可排放。

②对于乙醚等醚类或其他易燃不溶于水的有机溶剂若未富集重金属等有害物质故可用燃烧法进行处理。若实验中动植油较多的废液也可采用燃烧法处理。

每次实验后及时处理，将其装入铁制或瓷制容器，选择室外安全的地方燃烧。点火时，取一长棒，在其一端扎上蘸有油类的破布，或用木片等东西，站在上风方向进行点火燃烧。并且，必须监视至烧完为止。

（4）常见废液、废物处理方法

①无机酸类　废无机酸先收集于陶瓷或塑料桶中，然后用碳酸钠或氢氧化钙的水溶液中和，或用废碱中和至 pH 6.5 ~ 7.5，中和后用大量水冲

稀排放。

②氢氧化钠、氨水　用稀废酸中和至 pH 6.5 ~ 7.5 后，再用大量水冲稀排放。

③含砷废液　加入氧化钙，调节并控制 pH 为 8，生成砷酸钙和亚砷酸钙。也可将废液调 pH 至 10 以上，然后加入适量的硫化钠，与砷反应生成难溶、低毒的硫化物沉淀。

④含铬废液　铬酸洗液如失效变绿，可浓缩冷却后加高锰酸钾粉末氧化，用砂芯漏斗滤去二氧化锰沉淀后再用。失效的废铬酸洗液或其他含铬废液可用废铁屑还原残留的六价铬为三价铬，再用废碱液或石灰中和使生成低毒的氢氧化铬沉淀。

⑤金属汞　若实验室中有金属汞散失，必须立即用滴管、毛笔或在硝酸汞的酸性溶液中浸过的薄铜片收集起来用水覆盖。散落过汞的地面应撒上硫磺粉或喷上 20% 的三氯化铁水溶液，干后再清扫干净。

⑥含汞废液　含汞盐的废液可先调节 pH 8 ~ 10，再加入过量硫化钠使生成硫化汞，然后加入硫酸亚铁，生成的硫化铁能吸附悬浮于水中的硫化汞微粒进行共沉淀，清液可排放弃去。

⑦含铅、镉等重金属废液　用消石灰将废液调 pH 至 8 ~ 10，使废液中的铅、镉等重金属离子生成金属氢氧化物沉淀。

⑧含氰废液　把含氰废液倒入废酸缸中是极其危险的，氰化物遇酸产生极毒的氰化氢气体，瞬时可使人丧命。含氰废液应先加入氢氧化钠使 pH 值为 10 以上，再加入过量的 3% $KMnO_4$ 溶液，使 CN^- 被氧化分解。若 CN^- 含量过高，可以加入过量的次氯酸钙和氢氧化钠溶液进行破坏。另外，氰化物在碱性介质中与亚铁盐作用可生成亚铁氰酸盐而被破坏。

⑨含氟废液　加入石灰使生成氟化钙沉淀废渣的形式处理。

⑩含酚废液　含酚废液可加入次氯酸钠或漂白粉使酚氧化成无毒化合物。

⑪对最终不可排放的固、液体废弃物由各检测人员收集到固定地点存放，送交有处理资质的处理公司处理。

二、实践教学内容

实践教学突出产学结合特色，培养学生实践技能，与国家职业技能鉴定相接轨，把教学活动与生产实践、社会服务、技术推广及技术开发紧密结合，把职业能力培养与职业道德培养紧密结合，保证实践教学时间，培养学生的实践能力、专业技能、敬业精神和严谨求实作风。实践教学体系主要由基本技能训练、职业技能训练、职业综合实践等组成。

1. 基本技能训练

结合相关素质课程教学进行课内实验或训练，通过计算机、药用基础化学、药用有机化学、实用药物化学、实用微生物学、制药识图、药品检验技术等课程的技能训练，使学生具有较强的动手能力，为学生掌握各项专业技能奠定基础。要大力改革实践教学的形式和内容，减少演示性、验证性实验，增加工艺性、设计性、综合性实训，鼓励开设综合性、创新性实训和研究型课程，鼓励学生参加科研活动。

2. 职业技能训练

结合相关职业技术课相对应的技能训练课程，培养学生的职业素质和职业技能，主要有：军事技能训练、计算机等级考试上机实训、制剂设备与机电一体化实训、药物制剂技术实训、药物制剂工艺技术实训等课程。

3. 职业综合技能实训

开设职业综合技能训练课程，培养学生对各项单项技能的综合运用，提升学生的职业综合能力。要以企业产品、项目、案例等为载体，进行生产性、模拟性仿真性的实训，进一步提高学生的技能水平。如固体制剂综合实训、液体制剂综合实训、半固体制剂综合实训等，组织学生参与校内外、企业、行业及政府部门开展的职业技能竞赛，训练学生的综合能力。要努力营造企业环境，培养学生的职业感觉，强化训练效果。

4. 职业综合社会实践

认识实习与顶岗实习是学生在真实的工作环境中进行技能训练和素质养成的重要环节，要务必落实，并保证学生在企业实习时间 3～4 个月。顶岗实习一般安排在最后学期，以实现实习与就业相结合。

5. 毕业考核

毕业考核方式有毕业实习报告、毕业论文等，是对学生学习效果的综合考核，可按照办学特色以及专业人才培养方案选择方式和安排时间。

三、校内实训基地

本专业有多个校内实训室及实训基地，见表2-7。

表2-7 校内部分实训室及实训项目

序号	实训室名称	主要实训项目
1	药物制剂实训室	真溶液、胶体溶液型药剂的制备，混悬型液体药剂的制备及质量评定，乳剂型液体制剂的制备及乳剂类型的鉴别，膜剂软膏剂，栓剂的制备等
2	制剂实训基地	颗粒剂、压片滴丸剂的制备及常用制剂设备的使用与维护
3	基础化学实训室	标准溶液的配制，电解质溶液、滴定分析基本操作，沉淀反应、酸碱滴定液的配制和标定等实训
4	药物分析实训室	葡萄糖杂质的检测，紫外-可见分光光度计在药物分析中的应用，高效液相在药物分析中的应用，薄层色谱层析在药物分析中的应用等实训
5	天平实训室	分析化学称量实验及药品检验实训
6	精密仪器实训室	高效液相分析、药品溶出测定、旋光测定等实训
7	微生物净化实训室	无菌操作、灭菌操作、微生物的接种，平板培养基的制备等实训

四、校外实训基地

本专业有多个校外实训基地，供实践教学之用，见表2-8。

表2-8 校外部分实训基地及主要实训项目

序号	基地名称	实训实习项目
1	天津市中央药业有限公司	片剂、胶囊剂制备
2	天津市天安药业有限公司	大容量注射剂、粉针剂制备
3	天津力生制药股份有限公司	片剂、胶囊剂制备
4	天津太河制药有限公司	口服液、片剂、胶囊剂、粉针剂制备
5	天津医药集团津康制药有限公司	胶囊剂制备
6	天津药业集团有限公司	注射剂、膏剂、膜剂、大输液制备
7	天津百特医疗用品有限公司	输液剂制备
8	天津红日药业股份有限公司	注射剂、片剂、硬胶囊剂、颗粒剂制备

1. 天津市中央药业有限公司

天津市中央药业有限公司是一个多投资主体的大型综合制药企业，前身为1920年成立的中央药房股份有限公司。目前公司拥有员工1500余人，其中各类专业技术人员400余人。主要从事化学合成原料药及中间体，中、西药制剂，滋补保健品的生产和经营。公司现有片剂、硬胶囊、软胶囊、颗粒剂、口服液、溶液剂、滴眼剂等八种剂型的化学制剂品种，多个化学合成原料药及多种保健食品。市场营销网络覆盖全国20多个省市，并远销欧美、东南亚。

2. 天津市天安药业股份有限公司

天津天安药业股份有限公司是天津金耀集团有限公司所属控股子公司，于2002年由原天津市氨基酸公司经过改制后成立的，现有职工近千人，其中专业技术人员290人。公司下设原料和制剂两个生产厂，原料厂主要生产氨基酸，是国家氨基酸原料重要生产基地，天津市政府重点支持的高新技术企业；制剂厂是我国历史最悠久的大输液生产厂家之一，曾以研究生产国内第一支氨基酸输液享誉全国，主要生产氨基酸输液、普通输液、粉针、冻干粉针。

3. 天津力生制药股份有限公司

天津力生制药股份有限公司始建于1951年，公司现有员工一千多人，公司多年来始终如一的贯彻"以德经商、以德兴企、以德待人、以德为本"，为人类健康事业做出自己应有贡献的道德理念。主要生产片剂、硬胶囊剂、颗粒剂、滴丸剂、原料药等。销售面覆盖全国，部分产品出口日本、澳大利亚、韩国、欧美、东南亚国家和地区。公司多年来精心创造了"三鱼"牌男宝、"氨酚咖匹林片"、"力"字牌盖胃平等100余种系列名牌商标和药品，享誉全国。

4. 天津太河制药有限公司

天津太河制药有限公司是现代生物技术产品为主导的高新技术产业，公司建有全面GMP认证的制剂生产基地和原料药生产车间，生产严格按照GMP标准管理进行。公司拥有一支高素质的专业化员工队伍，相继开发出国家Ⅳ类新药——佳乐宁"苯酰甲硝唑胶囊"；与中国医学科学院医药生物技术研究所共同研制的国家 I 类新药 – 业立宁 "注射用盐酸博安霉素" 等多个新药。公司重点生产抗癌新药注射用盐酸博安霉素，注射用盐酸平阳霉素、苯酰甲硝唑胶囊等。

5. 天津医药集团津康制药有限公司

天津医药集团津康制药有限公司是大型国际化头孢类药物生产基地，主要产品为第三代、第四代头孢类药物中间体、原料药和制剂，及降糖类、维生素类原料药等。制剂产品主要有头孢地尼（商品名：世扶尼）、头孢克肟（商品名：士瑞克）、注射用盐酸头孢吡肟、注射用头孢尼西钠、注射用头孢呋辛钠等。头孢地尼胶囊是全国首家生产，目前市场占有率居全国首位，质量稳定、抗菌谱广、疗效显著。世扶尼已获得"天津市著名商标"称号，士瑞克已经成为头孢克肟胶囊的领军品牌。

6. 天津药业集团有限公司

天津药业集团有限公司是天津金耀集团有限公司控股子公司。是亚洲最大的皮质激素类药物科研、生产和出口基地，主要生产皮质激素类原料药及制剂、氨基酸类原料药及制剂、化工原料、心血管药物外用制剂、避孕药物、中成药、保健食品等 300 余种产品。近十几年研制出 160 多项新工艺和 40 多种新产品，有 61 项新工艺、新产品获得国家级、部级和天津市技术进步奖励，其中"生物脱氢"和"地塞米松系列产品"两项新工艺获得国家技术进步二等奖。

7. 天津百特医疗用品有限公司

百特是一家多元化经营的跨国医疗用品公司，主要业务涉及生物科技、药物输注和肾科产品领域。百特公司成立于 1931 年，总部设在美国芝加哥，在 2003 年被美国《财富》杂志评为最适宜工作的 100 家公司之一，在全球 110 多个国家和地区设立了超过 250 家公司和分支机构。百特公司于 20 世纪 80 年代进入我国，在上海、广州、天津、苏州建有五家生产厂，全国员工约 2000 人，销售额逾 1 亿美元。百特公司 2006 年将亚太区总部迁至我国上海，致力于在我国的长期发展。

百特国际：百特国际有限公司通过其子公司研发、生产并销售用于治疗血友病、免疫系统紊乱疾病、传染疾病、肾科疾病、创伤和其他慢性及重症病的产品，拯救并延续患者生命。作为一家多元化经营的跨国医疗用品公司，百特提供专业的医疗器械、医药产品以及生物科技产品，改善对于全球患者的医护水平。

百特中国：百特于 20 世纪 80 年代进入我国，是最早进入我国医疗市场的大型跨国公司之一。百特我国包括百特我国投资有限公司、百特医疗贸易有限公司以及位于上海、苏州、广州和天津的 5 家大型合资及独资工厂。秉承着我们的使命和诺言，百特我国在药物输注、肾科、生物科技、麻醉、营养等领域，将国际最先进的多样化的医疗产品和服务引进我国，旨在提高我国的高质量医疗，为我国患者的生命和生活质量作出有意义的贡献。近年来，百特正进一步加强对我国市场的拓展力度。2006 年初，百特亚太地区总部迁至上海，并持续投资扩大我国工厂的产能，以满足我国市场对药物输注、肾科、肠外营养等方面产品的需求。这些策略进一步表明了百特对我国市场的重视和信心，也显示出作为百特发展最快的一个市场，我国已在百特国际业务的发展中占有着举足轻重的地位。

百特天津：天津百特医疗用品有限公司是百特医疗用品有限公司与天津中新药业集团合资建立的静脉输液产品生产企业。其中，百特集团股份为 70%，中新药业集团股份为 30%。公司坐落在天津市北辰区铁东路天盈道。它成立于 1995 年 9 月 12 日，于 1997 年 12 月通过了国家 GMP 认证，1998 年 5 月正式投入生产 Viaflo 产品，在长达 14 年的生产过程中，天津工厂一直采用符合环保要求的 Clear - flex 三重复合膜，运用国际领先的输液生产技术，生产各类全密闭式输液产品。由于市场需要以及更加符合国家药品法规，自 2012 年 10 月开始，天津厂将全新推出 Aviva 全密闭静脉输注产品，并自主生产"百唯安"非 PVC 全密闭输注软袋。这一技术突破，将使天津厂的产量急剧增长，也更加适应市场的需要。扩建厂房、启用新技术、新生产线、一流的包装材料，以及严格的质量控制程序，促使百特天津厂继续执行我国市场的策略，加速业务增长。为达成 2015 年成为我国前十跨国医疗企业并成为百特亚太第一销售大国而持续创造价值。

8. 天津红日药业股份有限公司

天津红日药业股份有限公司位于天津市武清开发区泉发路西，厂区占地面积 4 万平方米，拥有药用原料、注射液、口服制剂等多品种、多剂型的生产车间及生产线。公司整体环境优雅，设备先进，公司生产车间全面通过 GMP 认证。

公司经营范围为小容量注射剂、片剂、硬胶囊剂、颗粒剂、原料药生产；中药提取；生物工程药品、基因工程药品、植化药品的研究、开发、咨询、服务；普通货运。主要从事中成药以及西药的研发、生产和销售，主导产品包括血必净注射液和盐酸法舒地尔注射液等。血必净注射液是目前国内唯一经 SFDA 批准的治疗脓毒症和多脏器功能障碍综合征的国家二类新药；盐酸法舒地尔注射液为国家二类新药，是国内首家上市的 Rho 激酶抑制剂。

公司始终坚持"追求卓越品质，创造健康生活"的理念。2009 年 10 月 30 日，公司正式在深圳证券交易所创业板挂牌上市。红日药业股份有限公司注重企业文化建设，在近几年的不断发展中，愈发重视企业文化的建设和作用，在树立良好的员工形象和企业形象上取得了丰硕的成果，逐渐形成和完善了自己的特色企业文化。提出了"一个品牌、两个目标、三大机制、四个精神、五大责任"的企业文化理念。

即：【一个品牌】红日品牌。

【两个目标】追求卓越品质，创造健康生活。

【三大机制】激励、竞争、淘汰。

【四个精神】敬业、高效、协作、学习。

【五大责任】对社会：服务社会，造福人类；对股东：资产增值，稳定回报；对质量：卓越品质，精益求精。

模块三 行业好，发展有潜力

任务一 认识药学事业

一、药学的概念

（一）药的含义

"药"字有如下几种的含义：治病草也；术士服饵之品；用于防病、治病和诊断疾病的物质。古人认为，凡可治病者皆谓之药，又细分五药为草、木、虫、石、谷，如：薄荷属草；黄柏属木；地龙属虫类；石膏属矿石类；麦芽属谷类。在古代，术士炼丹颇为流行，因此药也称为"术士服饵之品"，由此可见古时的仙丹和当今的保健品的社会地位大致相同。而今天，药或药物是指用于防病、治病和诊断疾病的物质。在自然界存在的种类繁多的物质中能够作为药物应用的为数有限。值得注意的是：药物、毒物和食物之间没有绝对的界限，随着机体状态和用药剂量的不同，有些药物可能对机体产生毒性，有些食物中的正常成分也可以起到药物的作用。如食盐是一种常见的食物成分，在机体缺乏这种物质时，生理盐水就是一种药物；而对于高血压患者，高盐饮食，会使原有的病情加重。

（二）药学的概念

药学：以现代化学、医学为主要理论指导，研究、开发和生产用于治病防病药物的一门科学。其中包括 6 个主干学科：药物化学、药理学、药剂学、生药学、药物分析学及微生物和生化制药学。药学与化学和医学这两门学科的关系十分密切：首先，研究药学要以化学为基础，机体保持正常的生理状态及病理状态的产生都是体内化学反应的持续或是反应失衡的结果，每个化学反应都有物质为基础，药物正是通过维持或干预各种化学反应达到治疗目的，如发热是由于中枢体温调控系统受到前列腺素刺激，解热镇痛药可以抑制中枢前列腺素的合成，达到解热的目的；其次，研究药物应以临床医学为指导，药物在临床上用于防病和治病，当代，很多疾病都是在临床阐明发病机制后才研发出较好的治疗药物，如：帕金森病是一种中枢神经系统退行性疾病，经过临床研究发现是由脑中黑质－纹状体神经通路中多巴胺能神经退变造成多巴胺缺少而引起的，因此，临床通过补充合成多巴胺的原料——左旋多巴来达到治疗目的。

二、药学的起源与发展及药物应用

（一）古代药学的起源

远古时期，人类的生存环境十分恶劣，在猎取动物或采摘植物获取食物的过程中，不可避免地会误食一些毒物，导致吐泻、昏迷、死亡等中毒现象的发生，但有时却能使原来的疾病好转甚至痊愈。通过反复的实践与经验的总结与归纳，人们发现不同的动植物对人体可以产生不同的影响，于是开始了早期的药用动植物资源的开发。在我国数千年前的钟鼎文中就有药（藥）字出现，其义为"治病草，从草，乐声"，反映了药为治病之物，而且以草居多。古代欧洲称为"drug"，原意就是干燥的草木。

据考证，医学的历史在有文字记载之前已经出现，早在公元前6世纪人们就已经通晓可用酒曲来治疗胃病，其机理与现代用酵母片治疗消化不良是一样的，因为酒曲的主要成分正是酵母菌。

关于最早记载人类医药实践活动的时间，公元前3500年～公元前3000年尼罗河流域的古埃及、底格里斯河与幼发拉底两河流域的古巴比伦、巨西和印度河流域的古印度和黄河流域的古代中国生产力水平较高，是人类文化的摇篮，也创造了璀璨的医药文明，均有相关的考古发现。古代西亚的苏美尔人在公元前3000年用苏美尔文字书写的泥板书中有大量的医药记载。古埃及在公元前1552年的埃伯斯纸草文（Ebers Papyrus）中记载了700余种药物。古印度在公元前2000年至1000年的宗教文献《吠陀》

中记载着大量的医药知识和各类药物。古希腊则早在公元前11世纪就有医药记载，希波克拉底（西方医学奠基人）更是对古代医药学作出了巨大贡献。

古罗马医学家盖伦（Galen）（130～200年）是世界医学史上一位重要的人物，他发明了浸出法制备植物制剂，把多种草药混合使用成为复方，创造性的研究工作为医药学的发展奠定了基础。

10世纪前后，第一个正规的药房出现在阿拉伯，其后，伊斯兰地区的医院普遍设有药房，从此医药分家，药房使用药物已达数百种。

12世纪，欧洲炼金术的发展，尽管有其荒谬的一面，但丰富了一些化学知识和实验方法，也为化学制药奠定了基础。

我国早在周朝至春秋时期第一部诗歌总集《诗经》中就收载了多种药物，是早期记载药物的文献。《山海经》成书于战国至西汉时期，载有100余种药物。《神农本草经》成书于汉代，是我国现存最早的药物专著，共收载药物365种。书中记载了药物按效用分为上、中、下"三品"：上品120种，滋补营养为主，既能祛病又可长服强身延年；中品120种，一般无毒或有小毒，多数具补养和祛疾双重功效，不需久服；下品125种，以祛除病邪为主，多数有毒，易克伐人体正气，使用时一般终病即止，不可过量使用。依循《黄帝内经》提出君、臣、佐、使的组方原则，同时提出"七情和合"的用药原则，即药物之间的相互关系。《本草纲目》为明朝李时珍著，用时30年，载药1892种，详细包含药名、产地、形态、栽培、采集方法、炮制法、性味与功用及11096首古代医学家和民间流传的方剂，1109幅插图，内容极为丰富并将药物分为矿物药、动物药和植物药。中世纪，阿拉伯人Avicenna（980～1037年）编纂了《医典》（Canon of Medicine），总结了当时亚洲、非洲和欧洲的大部分药物知识，成为药学的经典著作。欧洲人认为世界上第一部官方药典是1498年出版于佛罗伦萨的新调剂大全。但实际上，第一部官方编纂药典是公元7世纪唐政府编的《新修本草》，颁布于654年，共收载中药达852种，又称《唐本草》。

（二）近现代药物的发展

从18世纪起，社会生产力的迅速提高，推动了科学的发展，世界文明中心逐渐移向欧洲。18 世纪至 19 世纪近代化学的蓬勃发展，为药物的研发奠定了坚实的基础。

1. 天然药物时期

科学家们应用化学知识分离、提取、纯化天然植物中的有效成分。1803 年从鸦片中分离出吗啡；1823 年从金鸡纳树皮中分离到奎宁；1833 年从颠茄和洋金花中提取出阿托品。当时选用的植物多为作用强烈的植物药。这些被分离出的有效成分被用于动物试验和临床，开始了天然药物研究的新阶段。

2. 化学合成药和生物制药时期

19 世纪末，随着化学工业和染料工业的兴起，1891 年人们认识到亚甲蓝（染料）有治疗疟疾的功效；1907 年发现锥虫红（染料）的杀锥虫作用；在 1878 年 Langley 提出受体（receptor）概念首次引入了与现代分子生物学相关的理念。在 15 世纪，欧洲的梅毒感染率达 10%，1904 年，埃尔利希（P. Ehrlich）合成了治疗梅毒的砷制剂"606"（砷矾纳明），产生了化学治疗药的概念。1928 年，Szent – Gyorgyi 分离得到维生素 C 结晶，并于 1937 年获诺贝尔化学奖，1933 年 Hirst 确定其化学结构，同年 Reichstein 和 Haworth 分别成功合成得到维生素 C。1928 年弗莱明（A. Fleming）发现青霉菌代谢物可以抵抗葡萄球菌，1940 年开始生产青霉素，这一成果表明药物的生物合成技术的出现。1945 年，弗莱明、弗洛里、钱恩共同获诺贝尔医学奖。1932 年德国化学家杜马克（Domagk）合成了一系列偶氮染料，并发现它们对细菌有抑制作用，其中以百浪多息（Prontosil）抑菌活性最强，进一步研究发现百浪多息在体内可分解代谢为对氨基苯磺酰胺（即磺胺），继而人们又相继合成了磺胺的类似物，开发出上百种磺胺类抗菌药。20 世纪 40 年代～50 年代香木鳖碱、青霉素和利血平得到了广泛的应用。60 年代，美国著名化学家伍德沃德（R. B. Woodward）带领研究人员合成异常复杂的具有螯合结构的维生素 B_{12}，在此期间，胰岛素也实现了人工全合成，以后又从不同途径发现了大量不同种类的药物。70 年代以来至今，医学、化学和生物学三者紧密结合，研究体内调控过程，从整体水平直达分子水平，多学科的交叉渗透使药学发展迅速，成果辉煌。

（三）药物——双刃剑

药品本身是一把双刃剑，既有正面的治疗作用，也必然会具有不同程度的毒副反应；同时人与人之间又存在着相当大的个体差异。

在20世纪中叶，结核病的死亡率非常高：1948年，死亡率为1000/10万；而到了1989年，死亡率降低为7.58/10万（我国），这要归功于链霉素、利福平、异烟肼等药物在临床的广泛使用。对于伤寒、霍乱、炭疽病、血吸虫病、鼠疫、梅毒等烈性传染病的治疗，青霉素、氨基糖苷类、头孢菌素、喹诺酮类等一系列抗菌药功不可没。20世纪60年代，天花在全世界每年感染1000万人，并导致200多万人丧生。80年代由于牛痘疫苗的普遍接种使用，在1980年5月8日世界卫生大会宣布：人类已彻底消灭了天花病毒。通过这些事例，我们可以了解到：药学的进步促进了社会的繁荣与昌盛，提高了人口素质，延长了人类的寿命。

另一方面，药物的不良反应事件也是触目惊心的：沙利度胺事件（反应停，1953年合成，1957年德国上市，全球46个国家使用，1962年禁用）：镇静药，缓解妊娠妇女的孕吐反应，至少10万个胎儿死在母亲腹中。在出生的1万余名"沙利度胺婴儿"中，大约一半夭折，绝大多数幸存者四肢残缺或大脑受损。

药源性疾病，特别是抗生素的滥用更是屡禁不止。2007年我国医院抗菌药使用率达74%（国际最高标准30%），人均年消费量138克左右。我国抗生素滥用每年致8万人丧生，年损失800亿元。在不良反应致死的病例中，抗生素滥用达到40%是主要罪魁之一。研制一个抗生素要10年，而细菌产生耐药性只需两年，当所有抗生素均无效时，人类又将回到抗生素诞生前的黑暗岁月。因此，2007年《世界卫生报告》将细菌耐药列为威胁人类安全的严重公共卫生问题之一，2011年卫生部开展"抗菌药物应用专项治理行动"。其中不仅严格控制医院和药店对抗菌药物的销售，同时也包括了养殖业滥用抗生素：我国生产抗生素原料约21万吨/年，其中9.7万吨用于畜牧养殖业，占年总量的46.1%。动物产品中残留抗生素，已成为耐药菌产生的重要原因之一。广州妇婴医院曾抢救过一名体重仅 650g、25 个孕周的早产儿；头孢一代、二代无效！头孢三代、四代仍然无效！再上"顶级抗生素"：泰能、马斯平、复兴达……通通无效！细菌药敏检测显示，这个新生儿对 7 种抗生素均有耐药性！经分析，孕妇在吃大量抗生素残留肉蛋禽时，很可能将这些抗生素摄入。抗生素的滥用与静脉输液滥用也有密切联系，世界卫生组织推荐的用药原则："可口服的不注射，可肌内注射不静脉输液"。2009 年我国医疗输液 104 亿瓶，相当于 13 亿人口每人输了 8 瓶液，远远高于国际上 2.5 ~ 3.3 瓶的水平。《2009 年国家药品不良反应监测报告》显示，注射剂占所有不良反应的 59%。门诊输液率一般在 10% 以下，我国输液率高达 60% ~ 70%。世界权威医学杂志《柳叶刀》2009 年公布的一项研究指出，我国大约有 75% 的感冒患者通过抗生素治疗。滥用静脉输液存在微粒污染、抗生素滥用、破坏血管及发热反应、急性肺水肿、静脉炎、空气栓塞等隐患。临床发现"吊瓶"中加入的药物越多，其毒副作用越大，而且微粒剧增，原因在于任何注射剂都达不到理想的"零微粒"标准。在某次对"吊瓶"检查中发现，在 1ml 20% 甘露醇药液中，可查出粒径 4 ~ 30μm 的微粒 598 个。药液中超过 4μm 的微粒会蓄积在心、肺、肝、肾、肌肉、皮肤等毛细血管中，长此下去，直接造成微血管血栓、出血及静脉压增高、肺动脉高压、肺纤维化并致癌。

中药亦有毒副作用，可致一般性肝损害：长期或超量服用姜半夏、蒲黄、桑寄生、山慈菇等可出现肝区不适、疼痛、肝功能异常；中毒性肝损害：超量服用川楝子、黄药子、蓖麻子、雷公藤煎剂，可致中毒性肝炎；肝病性黄疸：长期服用大黄或静脉滴注四季青注射液，会干扰胆红素代谢途径，导致黄疸；诱发肝脏肿瘤：如土荆芥、石菖蒲、八角茴香、花椒、蜂头茶、千里光等中草药里含黄樟醚；青木香、木通、硝石、朱砂等含有硝基化合物，均可诱发肝癌。

综上所述，追求更明确的治疗作用而避免不良反应的发生，更加深刻的理解药物作用的二重性，用好药物这把"双刃剑"。

三、药学各分支学科的现状与发展

1. 药物化学方面

药物化学是利用化学的概念和方法发现确证和开发药物，从分子水平上研究药物在体内的作用方式和作用机理的一门学科。研究内容涉及发现、修饰和优化先导化合物，从分子水平上揭示药物及具有生理活性物质的作用机理，研究药物及生理活性物质在体内的代谢过程。建国前，我国制药工业基础十分薄弱。20世纪世纪中、后期由于生命科学和生物技术的进展，为发现新药提供理论依据和技术支撑以及信息科学的突飞猛进和制药企业投入大笔资金用于新药研究和开发，药物化学的学科发展迅速并有大量新药上市。目前，我国的原料药生产能力居世界第一，占全球原料药市场的约40%，能够生产约1620个原料药品种。我国新药研究处于从过去的以仿制为主向创新为主、仿制为辅转化的时期。21世纪，知识创新，技术创新，促进科技进步和经济发展将是面临的主要任务，生命科学和信息科学将日益得到发展，成为下世纪的活跃领域，这为防病治病，新药研究提供重要的基础。药物化学与生物学科、生物技术紧密结合，相互促进，仍是今后发展的大趋势。

2. 药物制剂方面

药物制剂，从狭义上来讲，就是药物的剂型，如针剂、片剂、膏剂、汤剂等，从广义上来讲是一门学科，药物制剂解决了药品的用法和用量问题。我国古代就创造了许多药物制剂，除汤剂外，有药酒、丸、散、膏、丹等，至今已有大量中成药产品。自19世纪下半叶以来，制剂工业在药物生产中已发展为一个独立的领域，发展了不少新型制剂如片剂、糖衣片、肠溶片、薄膜包衣片、注射剂、胶囊剂、栓剂、气雾剂、药膜剂以及多种缓释制剂和控释制剂等。在制剂生产和药品包装方面，也逐渐从手工操作向半机械化、机械化、半自动化直至全自动化的方向发展。

3. 药理学方面

药理学是研究药物与机体相互作用及其规律和作用机制的一门学科。药理学的学科任务是要为阐明药物作用机制、改善药物质量、提高药物疗效、开发新药、发现药物新用途并为探索细胞生理生化及病理过程提供实验资料。我国现代药理学的形成是在 20 世纪 20 年代，陈克恢的麻黄研究和相继进行的几十味中药的研究是开创性工作，形成了延续至今的研究思路，即提取化学成分，通过筛选研究确定其药效和有效成分，与植物药的研究模式极为相似。50 ~ 80 年代，开展了中药对呼吸、心血管、中枢、抗感染和抗肿瘤的研究。进入 90 年代，复方、作用机理和不良反应的研究增多。形成了两条清晰的研究思路：植物药研究思路和复方整体研究，目前大多数药理学工作还是以验证为主。

4. 药物分析方面

药物分析（习惯上称为药品检验）是运用化学的、物理学的、生物学的以及微生物学的方法和技术来研究化学结构已经明确的合成药物或天然药物及其制剂质量的一门学科。药物分析从 20 世纪初的一种专门技术，逐步发展成为一门日臻成熟的科学——药物分析学。该学科涉及的研究范围包括药品质量控制、临床药学、中药与天然药物分析、药物代谢分析、法医毒物分析、兴奋剂检测和药物制剂分析等。随着药物科学的迅猛发展，各相关学科对药物分析学不断提出新的要求。药物分析的发展与分析化学的发展息息相关，近年来，仪器分析、理化测试和计算机技术的发展极大地促进了药物分析在中药质量控制、体内药物分析等领域的发展。

5. 生物技术与生物制药方面

生物技术，也称生物工程，是指人们以现代生命科学为基础，结合其他基础科学的科学原理，采用先进的科学技术手段，按照预先的设计改造生物体或加工生物原料，为人类生产出所需产品或达到某种目的。以生物学（特别是其中的微生物学、遗传学、生物化学和细胞学）的理论和技术为基础，结合化工、机械、电子计算机等现代工程技术，充分运用分子生物学的最新成就，自觉地操纵遗传物质，定向地改造生物或其功能，短期内创造出具有超远缘性状的新物种，再通过合适的生物反应器对这类"工程菌"或"工程细胞株"进行大规模的培养，以生产大量有用代谢产物或发挥它们独特生理功能。生物技术是人们利用微生物、动植物体对物质原料进行加工，以提供产品来为社会服务的技术。它主要包括发酵技术和现代生物技术。生物药物的阵营很庞大，发展也很快。目前全世界的医药品已有一半是生物合成的，特别是合成分子结构复杂的药物时，它不仅比化学合成法简便，而且有更高的经济效益。建国初期，我国仅有一家药厂生产生化药物。目前，全国生化制药企业已达300多家，建立了先进的生产线并能生产胰岛素、肝素钠、玻璃质酸等多种现代生物技术产品。

6. 生药学方面

生药学指以生药（天然药物）为主要研究对象，对生药的名称、来源（基源）、生产（栽培）、采制（采集、加工、炮制）、鉴定（真伪鉴别和品质评价）、化学成分、医疗用途、组织培养、资源开发与利用和新药创制等的学问。换句话说，生药学是利用本草学、植物学、动物学、化学、药理学、医学、分子生物学等知识研究天然药物应用的学科。

生药应指所有来自天然的原料药材，包括了中药材、民间草药、民族药及可供提取化学药物的原料药材。生药学是在人类与疾病作斗争的过程中，随着生产发展的需要和科学研究的进步而逐渐积累和发展起来的。到20世纪30年代，药物作用强度的生物测定法得到迅速的发展，为生药的品质评价提供了新的手段，也为进一步研究生药的有效成分及其含量测定方法提供了有利条件。1930年以后，物理化学的分析方法，如毛细管分析法、比色法、分光光度法、荧光分析法和柱色谱、纸色谱等逐渐应用于生药分析鉴定。1960年以后，由于现代仪器分析方法迅速发展，紫外光谱、红外光谱、薄层色谱、薄层色谱光密度法、气相色谱、高效液相色谱、核磁共振、质谱等新的分析方法的应用，推进了生药化学成分及其定性定量分析的研究。此外，利用电子显微镜和X射线衍射法以观察和研究生药的超微构造，利用免疫电泳法于种子类生药的鉴别，高效毛细管电泳法在生药分析中的应用等，均在发展之中。

生药有效成分的不断阐明及其分析方法的迅速发展，迎来了现代生药学的新时期，推动了对影响生药品质的各种因素进行科学的探讨。

四、药学的任务与地位

1. 药学的任务

（1）研究新药　一种药物从最初的实验室研究到最终摆放到药柜销售平均需要花费 12 年的时间。进行临床前试验的 5000 种化合物中只有 5 种能进入到后续的临床试验，而仅其中的 1 种化合物可以得到最终的上市批准。

通常，从药物研发到普通药品上市须经过以下几个过程：①研发筛选（R&D screening），包括市场调查（market survey）与专利调查（patent survey）；②临床前研究（preclincal studies）；③临床阶段（clinical phases）；④新药批准上市（new drug approval）。

整个研究是一个循环往复的过程，其中缺一不可。在药物研究过程中，更多的是依赖精心采集并处理专业信息。

（2）阐明药物作用机制　药物可通过以下方面产生药理效应：①改变细胞周围环境的理化性质；②补充机体所缺乏的各种物质；③影响神经递质或激素；④作用于特定靶点受体、酶、离子通道、载体、核酸、免疫系统和基因等；⑤非特异性作用药物的作用主要与其理化性质有关，而不依赖于化学结构，并无特异性作用机制。

（3）研制新的制剂　随着科学与人民生活水平的不断提高，原有的剂型和制剂已不能满足用药水平提高的要求，如高效、长效、低毒和控释等。但药物的新剂型可以改善它们的有效性，延长药物作用时间，提高药物对作用部位的选择性，从而提高了药物的有效性及安全性。因此 20 世纪 80 年代末，制剂研究开始转向新型给药系统的研究。目前，药物的新剂型主要有微型胶囊剂、透皮给药系统制剂、脂质体、磁性药物制剂、复合型乳剂、单克隆抗体、固体分散体及毫微型胶囊等。

（4）制定药品质量标准，控制药品质量　为保证药品质量而对各种检查项目、指标、限度、范围等所做的规定，称为药品质量标准。药品质量标准是药品的纯度、成分含量、组分、生物有效性、疗效、毒副作用、热原度、无菌度、物理化学性质以及杂质的综合表现。药品质量验证内容有：准确度、精密度（包括重复性、中间精密度和重现性）、专属性、检测限、定量限、线性、范围和耐用性。视具体方法拟订验证的内容。

制定药品质量标准、控制药品质量对我国的医药科学技术、生产管理、经济效益和社会效益产生良好的影响与促进作用。有利于促进药品国际技术交流和推动进出口贸易的发展与新药的研制。

（5）开拓市场，规范管理　药品作为一种特殊的、高科技含量的商品，需要具有医药学常识和经济学常识的人去从事其营销工作。

目前，药品研究的各个过程都有严格的规范，其中包括：GAP——中药材生产质量管理规范；GMP——药品生产质量管理规范；GSP——药品经营质量管理规范；GLP——药物非临床研究质量管理规范；GCP——药物临床试验管理规范。

2. 药学的地位

（1）药学学科在现代科学中的地位　在专业分类属性方面，药学更偏重于理工科。它作为一个独立学科与医学、农学、数学、化学等并列。它是一门应用科学，研究并开发新的药物直接服务于社会。

（2）药学在国民经济中的地位　一方面，药学事业为人类身体健康提供了保障，另一方面，药学在经济领域有不可替代的特性，其高利润在国民经济中扮演了十分重要的角色。

任务二　认识药物制剂与剂型

一、药剂学的发展状况

药剂学是研究药物制剂配制理论、处方设计、生产工艺、质量控制和合理应用等内容的综合性应用技术科学。药剂学的最基本任务是生产出质量稳定、安全有效的药物制剂（简称制剂）。药品是指用于预防、治疗、诊断人的疾病，有目的的调节人的生理功能并规定有适应证、用法、用量的物质。药品包括：中药材、中药饮片、中成药、化学原料药及其制剂、抗生素及其制剂、血清疫苗、血液制品和诊断药品等。新药系指我国未生产过的药品。

1. 古代药剂学的发展概况

药剂学是一门有着悠久历史的学科，在我国早期的医药学著作如《黄帝内经》、《金匮要略》中都有关于药物剂型和疗效关系的记载。我国古代早有"神农尝百草，始有医药"的传说，这说明古代劳动人民在寻找食物及与疾病斗争中发现药物、创造剂型的过程。我国早期药物的主要剂型有：汤剂、酒剂、丸剂、散剂、栓剂、膏剂等，这是人类在劳动中创造的成果。明代李时珍（1518~1593年）编著的《本草纲目》，总结了16世纪以前我国劳动人民医药实践的经验，收载的药物剂型近40种，充分显示出祖国历代医药学者对药物剂型方面的巨大成就及对世界药学发展的重大贡献。在国外，古埃及的医药学著作《伊伯氏纸草文稿》中，记载有多种剂型、大量处方及制法等。欧洲药剂学起始于公元一世纪前后，公元2世纪时著名医药学家格林（被欧洲各国誉为药剂学鼻祖）的著录中记载了散剂、丸剂、溶液剂、酒剂、酊剂及浸膏剂，其中很多剂型至今仍在应用。

2. 现代药剂学的发展概况

第二次产业革命促使药物制剂生产机械化，出现了片剂、注射剂等剂型。20世纪以来，各种基础科学的迅速发展、生产力的迅速发展和医药学者的长期实践，使药物制剂制备技术得到不断的提高和完善，剂型品种及制剂品种日渐丰富，从而使药剂学逐渐形成为一门独立的学科。自20世纪60年代以来，医药工作者对药物制剂在体内的生物效应有了新的认识，改变了化学结构决定药效的片面看法，出现了药剂学的新分支生物药剂学、药物动力学；到了20世纪80年代，临床药学在西方发达国家崛起；20世纪90年代以来，药物制剂研究又进入了药物传输系统（DDS）时代，研究结合人的生理、病理特点与药物之间的关系来设计剂型的结构，优化释药特征，争取用最少的药物产生最大的疗效和最小的副作用。

3. 药剂学的任务

药剂学的基本任务是研究将药物制成适宜的剂型，保证药物制剂质量优良、安全有效、稳定均一，以满足患者的需要。当前医药科学迅速发展，我国药剂学与世界先进国家相比，尚有一定差距，每位药学工作者都有责任为尽快提高我国药剂学水平而努力。

（1）药剂学基本理论与生产技术的研究　药剂学基本理论包括药物制剂配制理论、处方的设计与优选、生产工艺的设计与优选、探索质量控制的内容及方法和合理应用等各个方面；运用基本理论的新成就和现代科学的新技术，结合药物的理化性质，揭示药物及其制剂的内在规律，阐明药物及其制剂在体内的作用机制与量变规律。

（2）药物新剂型与新技术的开发与应用　积极开发新剂型、新制剂、应用新技术是当前药剂学研究的一个重要任务。普通剂型如片剂、胶囊剂、注射剂等，不能满足高效、长效、毒副作用低、控释及定向等要求。普遍受关注的是缓释控释制剂、黏膜给药系统、透皮给药系统、靶向给药系统等，其中控释和缓释制剂是开发研究的热点；近20年来，药物传输系统（DDS）的研究在国外极受重视。

（3）药物制剂生产机械设备的研究与应用　随着《药品生产质量管理规范》在我国药品生产企业的普遍严格执行，对药品质量的要求愈来愈高，在质量控制仪器方面，我国研制成溶出速率测定仪及各种型号规格的微粒测定仪等；为适应发展需要，药物制剂生产正从机械化、联动化向着全自动化方向发展，并将电子计算机应用于药物制剂生产中。在机械设备方面，近年来，国内先后研制出层流式洁净空气技术及其定型设备、程序控制喷雾包衣装置及各种型号的高速压片机等。

（4）新辅料的研究与应用　药物制剂中的各种辅料是制剂的重要组成部分，在相当程度上决定了新剂型和新制剂的质量，如缓释制剂、控释制剂和靶向制剂完全依赖于性能优良的新型辅料。我国近年来对药用辅料的研制、生产做了大量工作（如预胶化淀粉的研制等），对制剂工业发展起了很大作用；但在品种上，规格上还比较少，质量还欠稳定，尚需进一步开发研究，并完善质量标准以满足药物制剂生产的需要。

（5）深入学习和整理中药剂型　运用现代科学知识和方法，通过临床疗效的观察，对传统的中药剂型如丸、散、膏、丹、汤等，进行研究和改进。当前，为了适应临床的需要，发展了不少中药新剂型如片剂、冲剂、口服液、注射剂、滴丸、橡皮膏等。在研究、改进老剂型或创造新剂型时，必须在中医药理论指导下，配合临床需要，以达到既保持中药剂型固有特点，又能提高临床疗效的目的。

（6）药物配伍变化与相互作用的研究　根据临床需要，有时经常给患者同时使用几种药物制剂，对药剂配伍中可能产生的理化反应和药理性变化，为确保安全、有效用药，须经过体外或体内的配伍实践加以验证；特别是有些注射液的体外理化配伍变化，仅从澄明度观察是不够的，还须做含量测定，目前国内外对注射剂的配伍变化、新药的配伍禁忌以及药物在体内的相互作用等到方面正在深入探讨研究中。

二、药物制剂与剂型

药物制剂是指根据药典或其他现成处方，将药物按某种剂型制成具有一定规格的药物制品。剂型是将药物制成适合于患者应用的形式。药物制剂技术专业毕业生所从事的工作是将药物制成适宜的剂型，保证以质量优良的制剂满足医疗卫生工作的需要。药物制剂，从狭义上来讲，就是药物的剂型，如针剂、片剂、胶囊剂等，从广义上来讲是一门学科即药剂学。现代药物制剂发展的四个时代：第一代制剂为普通常规制剂，第二代制剂为缓释制剂（即长效制剂），第三代制剂为控释制剂，第四代制剂为靶向制剂。

药物本身的疗效固然是主要的，而剂型对疗效的发挥，在一定条件下，也起着积极作用。目前中西药制剂有40余种剂型，将药物制成多种剂型的目的是：第一是适应药物性质的要求，如胰酶遇胃液失效，应制成肠溶胶囊或肠溶片服用，使之在肠内发挥药效；胰岛素在胃肠消化液中被破坏失效，须制成注射剂。第二是适应患者要求，如昏迷患者、严重呕吐患者不宜使用口服剂型，应考虑使用注射剂、栓剂及外用制剂。第三是制备、储存与运输的要求，如考虑制备、储存与运输的方便性、安全性、有效和稳定性，以降低成本，适应患者的需要。

药物剂型有多种分类方法，如按形态分类可分为：液体剂型、固体剂型、半固体剂型、气体剂型；按分散系统分类可分为：真溶液型、胶体溶液型、乳剂型、混悬型、气体分散型、微粒分散型、固体分散型；按给药途径分类可分为：经胃肠道给药剂型（如溶液剂、散剂、片剂等）、非经胃肠道给药剂型（如注射剂、气雾剂等）。下面介绍常见的药物剂型。

1. 注射剂

注射剂系指药物与适宜的溶剂或分散介质制成的供注入体内的溶液、乳浊液或混悬液及临用前配成溶液或混悬液的粉末或浓溶液的无菌制剂。

（1）注射剂的特点

注射剂的优点是：药效迅速、作用可靠；适合于不宜口服的药物，如胰岛素、链霉素等；适用于不宜口服给药的病人，如严重呕吐的病人、昏迷的病人；产生局部定位作用，如小手术使用的局麻药物。但是注射剂也有一些缺点，如使用不便且产生疼痛，安全性较低，制备过程复杂等。

（2）注射剂的分类

按分散系统可分为：①溶液型注射剂，如易溶于水且在水中稳定的药物，不溶于水而溶于油的药物；②乳剂型注射剂，水不溶性液体药物；③混悬型注射剂，水难溶性药物或注射后要求延长药效的药物；④注射用无菌粉末，系将供注射用的无菌粉末状药物装入安瓿或其他适宜容器中，临用前用适当的溶剂（通常为注射用水）溶解或混悬而成的制剂，用于对热或遇水不稳定的药物如青霉素类。

（3）注射剂的用法

①肌内注射　注射于肌肉组织中，常用的注射方法，一次剂量为 1 ~5ml。溶液型注射剂、混悬液型注射剂、乳浊型注射剂均可用于肌内注射。

②静脉注射　药效快，作为急救、补充体液及提供营养之用，多为水溶液；如静脉推注，一般用量 5 ~ 10ml；静脉滴注一般用量大，几百毫升至数千毫升。

③皮下注射　注射于真皮和肌肉组织之间，注射剂量通常为 1 ~ 2ml，药物吸收速度较慢，如胰岛素注射剂用于皮下注射，因吸收速度缓慢，而延长药效

④皮内注射　注射于表皮和真皮之间，一般剂量在 0.2ml 以下，用于

过敏性试验或疾病诊断等，如青霉素皮试。

⑤脊椎腔注射　将药液注入脊椎四周蛛网膜下隙内，一般剂量不超过 10ml。

因脊椎液缓冲容量小、循环缓慢，且神经组织比较敏感，故脊椎腔注射剂质量要求极为严格，只能是药物的水溶液、pH 值为中性的等张溶液。

此外，尚有腹腔注射、关节腔注射及穴位注射等；近年来一些抗肿瘤药物采用动脉内注入，直接进入靶组织，提高了药物疗效。

2. 片剂

片剂系指药物与适宜的辅料压制而成的圆片状或异形片状的固体制剂。主要供内服亦有外用。

（1）片剂的特点　片剂的主要优点　①剂量准确，药物含量均匀；②质量稳定，光线、空气、水分等对其影响较小；③服用、携带、运输和贮存等都比较方便；④溶出度及生物利用度较丸剂好；⑤机械化生产，产量大，成本低。

片剂的缺点　①片剂经过压缩成型，溶出度较散剂、胶囊剂差；②儿童及昏迷患者不易服用；③某些片剂易引湿受潮，含挥发性成分的片剂久贮时含量下降。

（2）片剂的分类

①口服片剂

a. 普遍压制片　系指药物与赋形剂混合，经压制而成的片剂，应用广泛。如维生素 B_1 片、复方磺胺甲噁唑片。

b. 包衣片　系指在片心（压制片）外包有衣膜的片剂。如胃蛋白酶片。

c. 咀嚼片　系指在口腔中咀嚼后吞服的片剂。在胃肠道中发挥作用或经胃肠道吸收发挥全身作用，适用于小儿或胃部疾患。如碳酸钙咀嚼片、对乙酰氨基酚咀嚼片。

d. 泡腾片　系指含有碳酸氢钠和有机酸，遇水可产生气体而呈泡腾状的片剂。如维生素 C 泡腾片、对乙酰氨基酚泡腾片等。

e. 分散片　系指在水中能迅速崩解并均匀分散的片剂。分散片可加水分散后口服，也可将分散片含于口中服用或吞服。如尼莫地平分散片、罗红霉素分散片等。

f. 缓释片　系指在规定的释放介质中缓慢地非恒速释放药物的片剂。如硫酸亚铁缓释片、硫酸吗啡缓释片。

g. 控释片　系指在规定的释放介质中缓慢地恒速释放药物的片剂。如格列吡嗪渗透泵片。

h. 肠溶片　系指用肠溶性包衣材料进行包衣的片剂。如胰酶肠溶片、阿司匹林肠溶片等。

②口腔用片

a. 口含片　系指含于口腔中，缓慢溶化产生局部或全身作用的片剂。如草珊瑚含片。

b. 舌下片　系指置于舌下能迅速溶化，药物经舌下黏膜吸收发挥全身作用的片剂。如硝酸甘油片。

c. 口腔贴片　系指黏贴于口腔，经黏膜吸收后起局部或全身作用的片剂。如吲哚美辛贴片。

③其他片剂

a. 阴道用片　系指置于阴道内应用的片剂，分为阴道片与阴道泡腾片。如壬苯醇醚阴道片、甲硝唑阴道泡腾片。

b. 可溶片　系指临用前能溶解于水的非包衣片或薄膜包衣片剂。如高锰酸钾外用片。

c. 植入片　系指用特殊注射器或手术埋植于皮下产生持久药效（数月或数年）的无菌片剂。如避孕药制成植入片已获得较好效果。

3. 散剂

散剂系指药物或与适宜辅料经粉碎、均匀混合而制成的干燥粉末状制剂。分为内服散剂和局部用散剂。

（1）散剂的特点

①比表面积大，易分散、奏效快；②外用时具有覆盖保护、吸收分泌物的作用；③制备工艺简便；④贮存、运输和携带都很方便；⑤药物粉碎后比表面较大，其刺激性、吸湿性及化学活性等也相应增加、挥发性成分

易散失。

（2）散剂的分类

按医疗用途可分为：内服散剂、外用散剂。按药物组成可分为：单散剂、复方散剂。按药物性质不同可分为：含毒性成分的散剂、含液体成分的散剂、含共熔组分散剂。按剂量可分为：分剂量散剂、非剂量散剂。

4. 颗粒剂

颗粒剂是指药物粉末与适宜的辅料制成具有一定粒度的干燥颗粒状制剂。颗粒剂系口服制剂，既可以直接吞服，也可以分散或溶解在水中服用。

（1）颗粒剂的特点

①颗粒剂可溶解或混悬于水中，奏效快；②颗粒的流动性好，分剂量比散剂易控制；③性质稳定，体积小，携带、运输、贮存方便；④可加入适宜的矫味剂，掩盖某些药物的苦味；⑤根据临床需要，可包衣或制成不同释放度的颗粒；⑥易吸潮，在生产、储存和包装上应注意防潮。

（2）颗粒剂的分类

①可溶颗粒　系指加入分散介质中可全部溶解或轻微浑浊的颗粒剂。

②混悬颗粒　系指难溶性固体药物与适宜辅料制成一定粒度的干燥颗粒剂。

③泡腾颗粒　系指含有碳酸氢钠和有机酸，遇水可放出大量气体而呈泡腾状的颗粒剂。

④肠溶颗粒　系指采用肠溶材料包裹颗粒或其他适宜方法制成的颗粒剂。

⑤缓释颗粒　系指在水或规定的释放介质中缓慢地非恒速释放药物的颗粒剂。

⑥控释颗粒　系指在水或规定的释放介质中缓慢地恒速释放药物的颗粒剂。

5. 胶囊剂

胶囊剂系指药物或加有辅料充填于空心胶囊或密封于软质囊材中的固体制剂。

（1）胶囊剂的特点

①外观光洁、美观，掩盖药物的不良气味且提高药物的稳定性；②与片剂、丸剂相比，崩解较快，生物利用度高；③可制成延缓药物释放和定位释放药物的制剂；④可弥补其他固体剂型的不足，将液态的药物制成固体剂型。

（2）胶囊剂的分类

①硬胶囊　系指采用适宜的制剂技术，将药物或加适宜辅料制成粉末、颗粒、小丸等，充填于空心胶囊中制成的胶囊剂。

②软胶囊　即胶丸，系指将一定量的液体药物直接包封，或将固体药物溶解或分散在适宜的赋形剂中制成溶液、混悬液、乳状液或半固体，密封于球形或椭圆形软质囊材中的胶囊剂。

③缓释胶囊　系指在规定的释放介质中缓慢地非恒速释放药物的胶囊剂。

④控释胶囊　是指在规定的释放介质中缓慢地恒速释放药物的胶囊剂。

⑤肠溶胶囊　系指用适宜的肠溶材料制得的硬胶囊或软胶囊，或用经肠溶材料包衣的颗粒或小丸充填胶囊而制成的胶囊剂。

6. 栓剂

栓剂系指将药物和适宜的基质制成的具有一定形状供腔道给药的固体制剂。

（1）栓剂的特点　栓剂即可发挥局部作用也可发挥全身作用；局部作用的栓剂用于腔道中，可使其中的药物分散于黏膜表面而发挥局部治疗作用，如润滑、收敛、抗菌、杀虫、局麻等作用。全身作用的栓剂通过直肠吸收药物，达峰时间快，血药浓度高；不刺激胃肠道，同时避免胃肠道消化液或酶对药物的影响和破坏；大部分药物可以避免肝脏的首关作用，同时也减少药物对肝脏的毒副作用；对不能或不愿吞服药物的患者，直肠给药较为方便。

（2）栓剂的分类　根据使用部位不同可分为肛门栓、阴道栓、尿道栓等；根据释放药物的速度分为普通栓和缓释栓。

7. 口服液体制剂

口服液体制剂系指药物分散在适宜的分散介质中制成的供内服的液体药剂。

（1）口服液体制剂特点　与固体制剂比较，口服液体制剂的优点是：药物分散度大、吸收快，剂量易增减，可以减小某些药物对胃肠道的刺激性。但也存在缺点：化学稳定性差，水性制剂易霉败，非水性制剂会产生药理作用，体积大，贮存、携带不方便。

（2）口服液体制剂的分类

①口服溶液剂　系指药物溶解于适宜的溶剂中制成的供口服的澄清液体制剂。

②口服混悬剂　系指难溶性固体药物，分散在液体介质中，制成供口服的混悬液体制剂。

③口服乳剂　系指两种互不相溶的液体，制成供口服的稳定的水包油型乳液制剂。

8. 气雾剂

气雾剂：系指含药物溶液、乳浊液或混悬液与适宜的抛射剂共同封装于具有特制阀门系统的耐压容器中，使用时借抛射剂的压力将内容物呈雾状喷出，用于肺部吸入或直接喷至腔道黏膜、皮肤及空间消毒的制剂。

（1）气雾剂的特点

气雾剂的优点　①直接喷于作用部位，具有速效和定位作用；②给药时减小了对创面的机械刺激性；③使用方便，剂量准确；④气雾剂中的药物密闭于容器内，不易与空气接触，不易被微生物污染，提高药物稳定性与安全性；⑤避免胃肠道副作用和药物的肝脏首关效应。

气雾剂的缺点　①需要耐压容器、阀门系统和特殊的生产设备，生产成本高；②氟氯烷烃类抛射剂在体内达一定浓度时产生不良反应，如心律失常；③抛射剂的高度挥发性具有制冷作用，多次用于受伤皮肤上可引起不适与刺激；④氟氯烷烃类抛射剂造成环境污染，破坏臭氧层。

（2）气雾剂的分类

①按分散系统分类

a. 溶液型气雾剂　将药物溶于抛射剂中而形成的均相分散体系，喷射后抛射剂气化，药物成为极细的雾滴。

b. 混悬型气雾剂　固体药物以微粒状态分散在抛射剂中形成非均相体系，喷出后抛射剂挥发，药物以微粒状态到达作用部位，故又称为粉末气雾剂。

c. 乳剂型气雾剂　药物水溶液和抛射剂按一定比例混合形成的 O/W 型或 W/O 型乳剂。

②按医疗用途分类

a. 吸入气雾剂　药物微粒或雾滴，经呼吸道吸入发挥局部或全身作用。

b. 非吸入气雾剂　用于皮肤、黏膜给药。

c. 外用气雾剂　用于空间消毒、杀虫和空气清新。

9. 膜剂

膜剂系指药物与适宜的成膜材料经加工制成的膜状制剂。可供口服或黏膜用。

（1）膜剂的特点　含量准确、质量稳定、可多种途径给药；成膜材料用量少，体积小，重量轻，便于携带、运输和贮存；生产工艺较简单，无粉尘飞扬；制成不同释药速度或含不同药物的多层膜可控制释药或解决药物间的配伍禁忌和分析上的干扰作用；但载药量较小，因此膜剂只限于小剂量药物。膜剂的给药途径为：口服、口腔用、舌下用、眼用、阴道用、皮肤用等。

（2）膜剂的分类

①单层膜剂　包括水可溶性膜剂和水不溶性膜剂。

②多层膜剂　由几种单层膜叠合而成，可以解决药物间的配伍禁忌和分析上的相互干扰问题。

③夹心膜剂　两层不溶性的高分子膜分别作为背衬膜和控释膜，中间夹着含有药物的药膜（药库），以恒速释放药物。

10. 其他剂型

（1）软膏剂　系指药物与适宜基质制成的具有适当稠度的膏状外用

制剂。

（2）乳膏剂　药物溶解或分散于乳状液型基质中形成的半固体外用制剂。分为水包油型和油包水型乳膏剂。

（3）糊剂　含有大量的固体药物粉末（一般 25% 以上）均匀地分散在适宜的基质中所组成的半固体外用制剂。

（4）凝胶剂　药物与能形成凝胶的辅料制成溶液、混悬或乳状液型的稠厚液体或半固体制剂。

（5）糖浆剂　系指含有药物的浓蔗糖水溶液。

（6）酊剂　系指用规定浓度的乙醇浸出或溶解药物而制成的澄清液体制剂，也可用流浸膏稀释制成。

11. 药物的新剂型与新技术

（1）固体分散体　是药物与载体混合制成的高度分散的固体分散体系。它不仅有速效作用，也可用于缓释制剂。

（2）微型胶囊　简称微囊，是利用天然的或合成的高分子材料为囊材，将固体或液体药物作囊心物包裹而成的微小胶囊。微囊可以掩盖药物的不良气味及口味，还能够提高药物的稳定性，减少药物对胃的刺激等。

（3）缓释制剂　系指药物按要求缓慢地非恒速释放，与普通制剂比较治疗作用持久、毒副作用低、用药次数减少的制剂。

（4）控释制剂　系指药物从制剂中缓慢地恒速或接近恒速释放，使血药浓度长时间维持在有效浓度范围内的一类制剂。

（5）经皮给药制剂　系指药物经皮肤吸收进入全身血液循环，进行疾病预防或治疗的一类制剂。此类制剂多为贴片或贴剂。

（6）靶向制剂　系指借载体将治疗药物通过局部给药或全身血液循环，选择性地浓集定位于身体所需发挥作用的部位的制剂。

（7）脂质体　系指将药物包封于类脂双分子层内而形成的微小泡囊，也称为类脂小球或液晶微囊。

（8）微球　系指用白蛋白、明胶、聚乳酸等为材料制成的含有药物的凝胶球状实体。

（9）磁性微球　属于物理化学靶向制剂，系包含有磁性物质的含药微球制剂。

（10）纳米粒　系指以高分子材料为载体，将药物溶解、包埋或包裹在聚合物中形成的微型药物载体。

（11）包合物　系指一种分子被包嵌于另一种分子的空穴结构内形成的分子囊。具有包合作用的外层分子称为主分子，被包合到主分子空间中的小分子物质，称为客分子。主分子和客分子进行包合作用时，相互之间不发生化学反应，不存在离子键、共价键或配位键等化学键的作用，包合作用是一种物理过程。如药物分子包藏在 β - 环糊精中，切断药物与外界环境的接触。

任务三　认识药物制剂生产与 GMP 的关系

　　药品是一种特殊商品，是以人为使用对象，它关系到人们用药安全有效和身体健康的大事，因此药品质量必须保持安全性、有效性、稳定性、均一性。在使用方法上，患者无法辨认药品的内在质量，大多数药品必须在医生指导下使用，不由患者自行选择，而且药品只有符合质量规定和不符合质量规定之分，只有符合规定的药品才允许销售，否则不得销售。而其他商品有等级之分，优等品、一等品、二等品、合格品等都可以销售。因此，药品生产不同于其他商品的生产，要求在药品生产过程中实施全面的质量管理，该质量管理规范是药品生产和质量管理的基本准则，适合于所有药品生产企业的全体员工和药品生产全过程的管理，能保证持续稳定地生产出优质药品的一套系统、科学的管理规范，即《药品生产质量管理规范》（GMP）。

一、药品生产质量管理规范（GMP）概念

1. GMP 定义

Good Manufacturing Practices for Drug，简称 GMP。GMP 是国际通用的药品生产质量管理形式，要求在药品生产全过程中，用科学、系统和规范化的条件和方法进行控制和管理，以确保药品的优良质量，我国的 GMP 全

称为《药品生产质量管理规范》。GMP 是药品生产和质量管理的基本准则，也是新建、改建医药生产企业的依据，适用于药物制剂生产的全过程和原料药生产的关键工序。GMP 自 20 世纪 60 年代初在美国问世后，在国际上，现已被许多国家的政府、制药企业和专家一致公认为制药企业进行药品生产管理行之有效的制度，在世界各国制药企业中得到广泛推广。国内外许多药害事件和实践经验证明，只有通过实施 GMP 管理，才能避免在生产过程中出现混淆、污染和差错等隐患，以保证药品的质量。

2. 国内外 GMP 发展过程

（1）国外 GMP   GMP 作为制药企业药品生产和质量管理的法规，在国外已有 30 年的历史。美国 FDA 于 1963 年首先颁布了 GMP，这是世界上最早的一部 GMP，在实施过程中，经过数次修订，可以说是至今较为完善、内容较详细、标准最高的 GMP。现在美国要求，凡是向美国出口药品的制药企业以及在美国境内生产药品的制药企业，都要符合美国 GMP 要求。1969 年世界卫生组织（WHO）也颁发了自己的 GMP，并向各成员国家推荐，受到许多国家和组织的重视，经过三次的修改，也是一部较全面的 GMP。1971 年，英国制订了《GMP》（第一版）。到目前为止，世界上已有 100 多个国家、地区实施了 GMP 或准备实施 GMP。

（2）我国 GMP   我国提出在制药企业中推行 GMP 是在 1982 年，中国医药工业公司参照一些先进国家的 GMP 制订了《药品生产管理规范》（试行稿），并开始在一些制药企业试行。经过多次修订，现行版是 2011 年 2 月颁布《药品生产质量管理规范（2010 年修订）》并于 2011 年 3 月 1 日起正式实施。

3. GMP 认证

制药企业生产药品必须达到一定的硬件和管理要求，否则将不能保证药品的质量，所以合法的制药企业在生产药品前需通过对良好的生产设备，合理的生产过程，完善的质量管理和严格的检测系统等的确认，即 GMP 认证。

药品生产企业的 GMP 认证工作，由国家食品药品监督管理局药品认证管理中心承办，对认证合格的企业（车间）颁发 GMP 认证证书并予以公告。从 2004 年 6 月 30 日起，通过 GMP 认证并获得认证证书是药品生产企业从事原料药和制剂生产的必备条件之一。因此，药品生产企业要想生存与发展，必须实施 GMP。GMP 认证证书有效期为 5 年，期满前 6 个月重新注册。GMP 具有时效性，新版 GMP 正式实施时，旧版 GMP 内容即不再适用，药品生产企业需要严格按照现行的 GMP 条款对本企业的生产软件和硬件进行改革，并重新通过国家食品药品监督管理局药品认证管理中心的重新认证和颁发新的 GMP 认证证书。

二、GMP 内容简介

GMP 适用于原料药的关键工序和制剂生产的全过程，其基本内容包括质量管理、机构与人员、厂房与设施、设备、物料与产品、确认与验证、文件管理、生产管理、质量控制与质量保证、委托生产与委托检验、产品发运与召回、自检等。GMP 作为药品质量管理体系的一部分，要求药品生产企业的质量管理体系涵盖所有影响药品质量的因素，最大限度地降低风险，消除污染、交叉污染、混淆、差错和产品不可持续性等，确保药品质量达到预期。

1. 质量管理

药品生产企业应建立并实施质量目标，将药品注册中有关安全、有效和质量可控的所有要求，系统地贯彻到药品生产、控制及产品放行、发放的全过程中，确保所生产的药品符合规定的要求和质量标准。实施质量目标，企业应配备符合要求的人员、厂房、设施和设备，为实现质量目标提供必要的条件。此外，企业还必须建立涵盖药品生产质量管理规范（GMP）和质量控制（QC）的全面的质量保证（QA）系统，应以完整的文件形式明确规定质量保证系统，并监控其有效性。

2. 机构和人员

产品质量取决于过程质量，过程质量取决于工作质量，而工作质量取决于人的素质，因而人是 GMP 实施过程中的一个重要因素，其一切活动都决定着产品的质量。所以，在制药企业工作的人员都应接受卫生要求的培训，企业应建立人员卫生操作规程，最大限度地降低人员对药品生产造成污染的风险。企业应对人员健康进行管理，并建立健康档案。直接接触药品的生产人员上岗前应接受健康检查，以后每年至少进行一次健康检查。其次，企业应采取适当措施，避免体表有伤口、患有传染病或其他可能污染药品疾病的人员从事直接接触药品的生产。因病离岗的工作人员在疾病痊愈、身体恢复健康以后要持有医生开具的健康合格证明方可重新上岗。再次，从药人员应随时注意个人清洁卫生，勤洗头、勤洗澡、勤理发剃须、勤剪指甲、勤换衣；进出洁净区严格执行人员进出车间净化、更衣程序；参观人员和未经培训的人员不得进入生产区和质量控制区，特殊情况确需进入的，应事先对个人卫生、更衣等事项进行指导；任何进入生产区的人员均应按规定更衣。操作人员应随时注意保持手的清洁，不得裸手直接接触药品及与药品直接接触的包装材料和设备表面，不可避免时，手部应及时消毒；生产区、仓储区应禁止吸烟和饮食，禁止存放食品、饮料、香烟和个人用药品等非生产用物品。进入洁净生产区的人员不得化妆和佩带饰物、手表等。

3. 厂房、车间及设施

在条件可能的情况下，厂址尽量选在周围环境较清洁和绿化较好的地区，并尽量远离铁路、公路、机场等。不要选在多风沙的地区和有严重灰尘、烟气、腐蚀性气体污染的工业区。若条件不允许，必须位于工业污染或其他人为灰尘较严重的地区时，要在其全年主导风向的上风侧。不论是新建或改建的洁净车间周围都要进行绿化，车间四周应设消防车道，厂区的路面尽量选用坚固、起尘少的材料。

我国现行的 GMP 参照世界卫生组织和发达国家 GMP 的要求，规定了药品生产厂房的洁净度级别。生产车间洁净度级别按照《药品生产质量管理规范（2010 年修订）》无菌药品生产所需的洁净区可分为 A、B、C、D 4 个级别，各级别空气悬浮粒子有具体的标准，根据产品的具体要求，选择适当的洁净级别。其中，A 和 B 级适用于生产无菌而又不能在最后容器中灭菌药品的配液及灌封；粉针剂的分装、压盖、大输液的过滤、灌封。C 级适用于大输液的稀配；小剂量针剂的配液、滤过、灌封等。D 级适用于片剂、胶囊剂、丸剂等生产。由于各区域对环境的洁净程度要求不同，所以对于工作人员着装、人员卫生、空气质量等要求又有不同的规定。

4. 设备

GMP 对设备的要求除了设备的设计应符合生产工艺的要求外，最重要的原则是设备应能防止交叉污染，设备本身不影响产品质量，并便于清洁和维护，设备的设计和布局能使产生差错的危险减至最低限度。设备与其加工的产品直接接触部位及设备的表面不应与产品发生化学反应、合成作用或吸附作用，也不应因密封套泄漏、润滑油滴漏而造成产品的污染。此外，设备需有明显的使用、清洁状态标志标签，还应有设备档案及维修保养记录，如有设备验证还应有验证记录。

5. 物料和产品

药品生产的过程是通过生产起始物料的输入、按照规定的生产工艺进行加工、输出符合法定质量标准的药品，整个过程必须通过严格、科学、系统的管理，使物料从采购、验收、入库、储藏、发放等方面，做到规范购入、合理储存、控制放行、有效追溯，现场状态应始终保持整齐规范、区位明确、标识清楚、卡物相符，物料的输入到输出的整个过程，应尽量避免差错、混淆、污染的发生。

原辅料、包装材料的入库必须按照验收程序进行验收，专人点收，并对外观质量、标签尺寸、样式、规格进行目检，不符合要求的，应予拒收。入库必须详细记录到货日期、品名、批号、数量、来源、生产厂家、存放库位与收货人，并登卡进入总账，统一编号。

在库物料的贮存养护必须按照药物性质、贮存条件合理安排，分类分库分区堆码，货位编号，采取防潮、防霉变、防虫蛀、防鼠咬等措施。对易燃、易爆、腐蚀性强的危险品隔离专库存放，并有明显标志。对易吸潮、串味药品远离正常品，防止化学污染，对特殊药品的麻醉药品、精神药品、毒性药品、放射性药品，专人、专库、专账、双锁严格管理，防止出现意外事故。

6. 确认和验证

为保证药品质量的均一性和有效性，制药企业应当对其生产工艺进行确认或验证工作，以证明有关操作的关键要素能够得到有效控制，且能正确运行并达到预期结果的一系列活动。确认和验证是通过文件和记录的形式证明厂房、设施设备、生产工艺或系统已达到要求的认定，确认可以在实际或模拟的使用条件下进行，它强调的是结果的正确性。如 A 级别洁净度的环境是否能满足生产注射剂的需要，是要对生产过程来确认的。除此之外，GMP 还规定应采用经过验证的生产工艺、操作规程和检验方法进行生产、操作和检验，并保持持续的验证状态。

7. 文件管理

企业应当建立文件管理的操作规程，系统地设计、制定、审核、批准和发放文件，书面文件内容必须正确，包括质量标准、生产处方和工艺规程、操作规程以及记录等文件。文件应当标明题目、种类、目的以及文件编号和版本号，文字应当确切、清晰、易懂，不能模棱两可，而且应当分类存放、条理分明，便于查阅。

药品生产的每一批应当有批记录，包括批生产记录、批包装记录、批检验记录和药品放行审核记录等与本批产品有关的记录。记录应当保持清洁，不得撕毁和任意涂改。记录填写的任何更改都应当签注姓名和日期，并使原有信息仍清晰可辨，必要时，应当说明更改的理由。记录如需重新誊写，则原有记录不得销毁，应当作为重新誊写记录的附件保存。此外，质量标准、工艺规程和操作规程等其他重要文件应当长期保存。

8. 生产管理

药品的生产和包装均应当按照批准的工艺规程和操作规程进行操作，并有相关记录，以确保药品达到规定的质量标准，并符合药品生产许可和注册批准的要求。应当建立划分产品生产批次的操作规程，生产批次的划分应当能够确保同一批次产品质量和特性的均一性，每批药品均应当编制唯一的批号，并检查每批产品产量和物料平衡，确保物料平衡符合设定的限度。如有差异，必须查明原因，确认无潜在质量风险后，方可按照正常产品处理。

药品生产时，不得在同一生产操作间同时进行不同品种和规格药品的生产操作，除非没有发生混淆或交叉污染的可能。药品生产开始前应当进行检查，确保设备和工作场所没有上批遗留的产品、文件或与本批产品生产无关的物料，设备处于已清洁及待用状态，检查结果应当有记录。生产操作前，还应当核对物料或中间产品的名称、代码、批号和标识，确保生产所用物料或中间产品正确且符合要求。

药品生产过程中应当进行中间控制和必要的环境监测，并予以记录。每批药品的每一生产阶段完成后必须由生产操作人员清场，并填写清场记录。清场记录内容包括：操作间编号、产品名称、批号、生产工序、清场日期、检查项目及结果、清场负责人及复核人签名。清场记录应当纳入批生产记录。

包装开始前应当进行检查，确保工作场所、包装生产线、印刷机及其他设备已处于清洁或待用状态，无上批遗留的产品、文件或与本批产品包装无关的物料。检查结果应当有记录。包装操作前，还应当检查所领用的包装材料正确无误，核对待包装产品和所用包装材料的名称、规格、数量、质量状态，且与工艺规程相符。

9. 委托生产和委托检验

GMP 规定药品可进行委托生产和委托检验，委托生产的委托方应当是取得该药品批准文号的药品生产企业，受托方应当是持有与生产该药品相符的《药品生产许可证》和《药品 GMP 证书》的药品生产企业，且具有与生产该药品相适应的生产与质量保证条件。为确保委托生产产品的质量和委托检验的准确性和可靠性，委托方和受托方必须签订书面合同，明确规定各方责任、委托生产或委托检验的内容及相关的技术事项。

受托方必须具备足够的厂房、设备、知识和经验以及人员，满足委托方所委托的生产或检验工作的要求。受托方应当确保所收到委托方提供的物料、中间产品和待包装产品适用于预定用途。

委托方应当使受托方充分了解与产品或操作相关的各种问题，包括产品或操作对受托方的环境、厂房、设备、人员及其他物料或产品可能造成的危害。委托方应当对受托生产或检验的全过程进行监督。

10. 产品发运与召回

每批产品均应当有发运记录。根据发运记录，应当能够追查每批产品的销售情况，必要时应当能够及时全部追回，发运记录内容应当包括：产品名称、规格、批号、数量、收货单位和地址、联系方式、发货日期、运输方式等。

企业应当建立产品召回系统，必要时可迅速、有效地从市场召回任何一批存在安全隐患的产品。因质量原因退货和召回的产品，均应当按照规定监督销毁，有证据证明退货产品质量未受影响的除外。

11. 自检

质量管理部门应当定期组织对企业进行自检，监控本规范的实施情况，评估企业是否符合本规范要求，并提出必要的纠正和预防措施。自检应当有计划，对机构与人员、厂房与设施、设备、物料与产品、确认与验证、文件管理、生产管理、质量控制与质量保证、委托生产与委托检验、产品发运与召回等项目定期进行检查。自检应当有记录和自检报告，内容至少包括自检过程中观察到的所有情况、评价的结论以及提出纠正和预防措施的建议。自检情况应当报告企业高层管理人员。

任务四　生物医药产业发展状况与展望

近年来，我国制药业发展迅速，现已注册的医药生产企业7165家，通过 GMP 认证的有4000多家，在国家食品药品监督管理局注册的原料药生产企业1642家，获得 GMP 认证企业生产的原料药有3700多个。"十一五"期间，天津市第四批20项重大工业项目，生物医药产业化项目总投资达49.2亿元。

一、世界生物医药产业的发展现状

新世纪以来，各国政府相继出台一系列重大措施支持生物医药产业的发展。美国在奥巴马政府上台后，大力推行医疗改革制度，放宽仿制药限制，特别是解除了对联邦政府资金支持胚胎干细胞研究的限制，2008年全美药物研究和生物技术公司新药和新疫苗研发投入高达652亿美元，显示出其抢抓生物医药未来龙头的意图；欧盟委员会和欧洲制药工业协会联合会向 15 个公共和私营部门合作项目投资，以促进创新药品研发上市，提高药物安全性；日本近日修订了《药事法》，为日本企业在海外建设的合资企业进入日本药品销售市场开辟了道路。

二、我国生物医药产业的发展现状

2000 年以来，我国生物医药产业进入快速发展阶段，2000 ~ 2008 年全国医药工业产品销售收入年均增长达 20.45%。2009 年 1 ~ 8 月我国共实现医药工业总产值 6158.77 亿元，同比增长 17.39%，全年有望达到 1 万亿元。2010 年随着新型农村合作医疗，新医改政策带来的市场扩容，医药工业总值预计达 12580 亿元。2009 年 5 月，"重大新药创制"正式启动实施，这是我国科技领域实施的 16 个重大专项之一，也是我国医药科技领域有史以来投入最多、社会关注度最高的科技项目，获得中央财政 66 亿元的支持，并将带动地方及企业 178 亿元的投资。

1. 我国生物医药产业集群格局

我国生物医药产业集群已初步形成以长三角、环渤海为核心，珠三角、东北等东部沿海地区集聚发展的总体产业空间格局。目前已批准设立国家级生物产业基地的省市已达到 21 个，主要分布在环渤海与长三角地区。其中，环渤海地区有 9 家基地，长三角地区有 6 家基地，分别占东部沿海基地总数的 53% 与 35%。

未来我国生物医药产业空间演变将呈现出三大趋势：首先是区域不平衡发展将进一步凸显，东部沿海地区仍将是发展的重心，与中西部差距将持续拉大；其次是地域分工更加明显，研发将进一步向上海、北京集聚，制造环节加速向江苏、山东集聚；深圳、武汉、长沙快速发展，太原、厦门、兰州等将成为新兴热点。

天津市以出口为导向，科技支撑实力突出，聚集了 500 多家从事生产和研发的相关机构，中药现代化居全国领先水平，是环渤海地区重要的现代生物医药产业制造基地和关键技术的研发转化基地。天津是全国重要的生物医药产业基地，先后被国家发改委、商务部和科技部认定为"国家生物产业基地"、"国家医药产品出口基地"和"中药现代化科技产业基地"。

山东省、河北省是环渤海地区生物医药制造业的重要省份，均具有良好的传统医药产业基础。山东省是我国的生物制药产业大省，具有国内领先的新药研发和产业化资源优势，该省的行业产值、利税多年来位居全国前列。河北是我国的生物医药的制造基地，聚集了一批在全国有影响力、有竞争力的制药企业。

2. 天津滨海新区生物医药发展现状

生物医药产业是天津开发区近年来优先鼓励发展的产业之一，为加快发展生物医药产业，2007 年 6 月天津与国家科技部签署合作协议，在滨海新区共建"国家生物医药国际创新园"。天津经济技术开发区作为"国家生物医药国际创新园"重要的起步区域，通过持续在医药产业的规划、培育和创新等方面做出积极的努力和贡献，为未来该基地的建设和发展奠定良好的基础。

从近年来葛兰素史克、诺和诺德等知名药企的投资项目陆续迁入，到现代中药产业园、华立达生物园等子项目的日渐建设成形，天津开发区正全力加快建设和打造具有国际竞争力的生物医药产业化基地。截至 2009 年底，天津开发区生物医药类企业达到 120 家，外资企业约 50 家，内资企业约 70 家。从 2001 年到 2009 年，天津开发区生物医药产业一直保持快速增长态势，年均增长率为 37%。2009 年，开发区生物医药产业实现产值 95.75 亿元人民币，同比增长 39.1%，超过全区工业总产值增速 16.4 个百分点。

在天津滨海新区，作为滨海新区八大优势产业的生物医药产业飞速发展。数据显示，滨海新区生物医药产业 2011 年全年完成工业总产值 217.1 亿元，同比增长 11.5%。滨海新区正逐步形成"创新－孵化－中试－生产"生物医药产业链，"十二五"期间将发展成为国家级生物医药产业基地，已有诺和诺德、葛兰素史克、施维雅、金耀集团等超 100 家国内外著名生物医药生产企业和园区孵化器纷纷落户于此，全市 50% 以上的生物技术和现代医药企业在这里聚集，产业规模以年均增长率 40% 快速提升。

天津滨海新区筹备设立 50 亿元的"生物医药产业发展基金"，支持滨海新区生物医药企业发展，大力促进国内外生物医药领域知名企业、研发机构聚集，吸引并扶持具有自主知识产权和国际竞争力的生物医药产品研发与产业化项目。天津市科委每年将安排不低于 1 亿元的生物医药研发转化专项资金，用于支持新药研发与转化，并根据不同研发阶段及项目规模，安排资助额度最高达 1000 万元的补贴。

三、我国生物医药产业展望

1. 生物医药市场需求将强劲增长，投资规模与市场规模迅速扩张

"十二五"期间，我国生物医药产业将进入以"量的规模扩张和质的起步追赶"为核心内容的整体提升阶段。"十二五"时期，国内市场需求的快速增长为产业发展带来机遇和提供推进动力。受人口老龄化、人均用药水平的不断提高及新医改政策的刺激等因素的影响，生物医药市场需求将强劲增长。根据国家规划，到"十二五"末，生物医药产业规模将达到 3 万亿元；形成 10 ~ 20 个龙头企业，产业集中度明显提高；研发投入强度显著提高，产业化技术、装备研制水平和配套性大幅提升。

2. 产业政策倾力扶持，高度重视生物医药产业发展

我国政府把生物技术产业作为 21 世纪优先发展的战略性产业，加大对生物医药产业的政策扶持与资金投入。"十二五"规划明确提出"十二五"期间医药的发展重点在于生物制药、化学药新品种、中药现代化等。国家对生物医药产品的开发、生产和销售制订了一系列扶持政策，包括对生物制药企业实行多方面税收优惠、延长产品保护期和提供研发资金支持等。同时，国家为加强行业管理，对生物医药产品的研制和生产采取严格的审批程序，对部分生物医药产品的项目审批采取了限制家数的措施，以确保新药的市场独占权合理的利润回报，鼓励新药的研制。

3. 天津生物医药产业展望

"十二五"期间，我国生物医药产业面临突破性发展的战略机遇。生物医药产业是我国与发达国家差距相对较小的高技术领域。我国具有发展生物医药产业的一定产业基础和巨大市场需求，有可能在生物医药的部分领域发挥优势，参与国际分工，实现局部的跨越式发展。

在天津滨海新区，到 2015 年前后，将形成以跨国公司、国内医药龙

头企业和大量中小创新型企业为主体的生物医药产业集群，打造出以哺乳细胞培养——单克隆抗体为代表的生物药产品链；以化合物筛选——动物实验——临床研究为代表的医药研发服务外包业务链；以高端原料药——仿制药——成品药出口为代表的化学药产品链；以植物有效成分提取、纯化——复合药物——新型植物药制剂为代表的植物药产品链；以诊断试剂——基因芯片——诊断仪器为代表的医疗器械产品链。

任务五　认识药物制剂企业

一、世界著名医药企业

同学们查一查：世界著名药物制剂企业有哪些？生产的主要产品？

二、我国药物制剂企业

同学们查一查：中国著名药物制剂企业有哪些？生产的主要产品？

三、天津药物制剂企业

同学们查一查：天津药物制剂企业有哪些？生产的主要产品？

模块四 素质强，创业有能力

任务一 认识毕业后的升学、就业道路

一、升学规划

本专业学生毕业后，可通过参加全日制或函授对口应用本科教育、专业硕士研究生教育考试，继续获得本科以及更高层次的教育学习机会，提高学历层次，对应的专业有药物制剂、化学制药、药品质量检测、药学等专业。

毕业生选择进入本科院校进行进一步学习深造，成绩合格后可以获得相应本科学历和学士学位。目前进入本科院校深造的途径主要有三条：自考升本、成考升本和高职升本。除此之外，一些省市对专科毕业生升本有鼓励政策，例如，在天津市，参加技能大赛获得一等奖可以免试升本。

二、职业路线

药物制剂技术专业的学生毕业后获得大学专科学历，可以选择天津乃至全国的制剂生产企业直接工作。可以以实习生或毕业生的身份进入制剂生产企业，首先从制剂生产操作工干起，由车间老师傅带领着你了解企业，学习岗位操作及相关事宜。一年或几年之后，你将逐渐成长该岗位的一名出色工人，开始独立带徒弟。此时出色的你有可能已经熟悉了整个生产流程的各个岗位，逐步成长为一名工艺员，负责指导整个制剂生产流程的各个岗位操作。随后的几年里，你有可能晋升成为一名车间主任，全面负责整个制剂车间的管理工作。

三、其他选择

除了直接就业、升学深造以外，毕业生还可以自主创业、考取"执业药师"资格证，或是选择参军入伍、考取公务员或选调生、参加"三支一扶"计划、"大学生志愿服务西部"计划等。

1. 自主创业

国家鼓励和支持高校毕业生自主创业。对于高校毕业生从事个体经营符合条件的，将给予一定的优惠政策，毕业生可以向所在学校就业中心、学工部咨询。

2. 考取"执业药师"资格证

本专业学生毕业工作满5年后，可参加全国统一执业（西）药师资格考试。获取《执业药师》资格证书，在零售药店负责用药指导工作。天津市执业药师考试的报名时间为每年4～6月份，10月中旬考试，可以上网查阅相关内容。

3. 大学生参军入伍

国家鼓励普通高等学校应届毕业生应征入伍服义务兵役，高校毕业生应征入伍服义务兵役，没有专业限制，只要政治、身体、年龄、文化条件符合应征条件就可报名应征。毕业生在服役期间享有一定经济补偿，服役期满后可在入学、就业等方面享有一定优惠政策。每年4月至7月开展预征工作，毕业生可以向所在学校就业中心、学工部、人武部咨询。

4. 公务员

应往届毕业生可以参加国家或地方公务员考试，两者考试性质一样，都属于招录考试，但两者考试单独进行，相互之间不受影响。国家公务员考试一般在当年年底或下一年年年初进行，地方公务员考试一般在 3 ~ 7 月进行，考生根据自己要报考的政府机关部门选择要参加的考试，一旦被录取便成为该职位的工作人员。具体公务员政策可参看国家公务员网的相关政策。

5. 选调生

选调生是各省、区、市党委组织部门有计划地从高等院校选调的品学兼优的应届大学本科及其以上的毕业生的简称，这些毕业生将直接进入地方基层党政部门工作。我国各省份对选调对象的要求条件差别较大，专科毕业生可以根据自己的实际情况，结合选调省份对选调对象的要求，报名参加相应考试。毕业生可以向所在学校就业中心、学工部咨询。

6. "三支一扶"计划

大学生在毕业后到农村基层从事支农、支教、支医和扶贫工作。该计划通过公开招募、自愿报名、组织选拔、统一派遣的方式进行落实，毕业生在基层工作时间一般为 2 年，工作期间给予一定的生活补贴。工作期满后，可以自主择业，择业期间享受一定的政策优惠。毕业生可以向所在学校就业中心、学工部咨询。

7. "大学生志愿服务西部"计划

国家每年招募一定数量的普通高等学校应届毕业生，到西部贫困县的乡镇从事为期 1 ~ 3 年的教育、卫生、农技、扶贫以及青年中心建设和管理等方面的志愿服务工作。该计划按照公开招募、自愿报名、组织选拔、集中派遣的方式进行落实。志愿者服务期间国家给予一定补贴，志愿者服务期满且考核合格的，在升学就业方面享受一定优惠政策。毕业生可以向所在学校就业中心、学工部咨询。

任务二　认识毕业后从事的主要工作岗位

一、主要工作岗位及工作环境介绍

1. 本专业毕业生就业面向岗位群

（1）职业核心岗位群有　药物制剂生产岗位、药品质量控制岗位。

```
药物制剂生产岗位
```

药物配料制粒工、片剂压片工、片剂包衣工、注射液调剂工、水针剂灌封工、输液剂灌封工、粉针剂分装工、硬胶囊剂灌装工、软胶囊剂调剂工、软胶囊剂成型工、气雾剂工、滴丸剂工、口服液调剂工、口服液灌装工、软膏剂调剂工、软膏剂灌装工、栓剂调剂工、栓剂成型工、膜剂工、滴液剂工、酊水计工、注射用水、纯水制备工、制剂及医用制品灭菌工、理洗瓶工、冷冻干燥工

```
药品质量控制岗位
```

灯检工、制剂质量检查工

（2）职业拓展岗位群　药品经营与管理岗位、化学药品生产岗位、中药制剂生产岗位。

```
药品经营与管理岗位
```

医用商品营业员、医用商品采购员、
医药商品供应员、医用商品保管员

```
化学药品生产岗位
```

合成药卤化工、合成药碳化（含氯磺化）工、
合成药硝化（含亚硝化）工、合成药酰化工、合成药酯化工

```
中药制剂生产岗位
```

中药配料工、中药粉碎工、中药提取工、中药塑丸工、
中药泛丸工、膏药剂工、中药片剂工

2. 工作环境

制剂生产环境区域可划分为：一般生产区、控制区、洁净区（A 级、B 级、C 级、D 级）、无菌区。

二、医药行业能工巧匠介绍

1. 全国劳动模范——张秀生

张秀生，天津中新药业集团股份有限公司第六中药厂一车间提取班班长，中共党员，工人技师。曾荣获2006年度天津市劳动模范、2007年度天津市"五一"劳动奖章、2010年全国劳动模范称号。

张秀生

他刻苦钻研技术，善于学习，勤于总结，勇于创新，积极参与车间的安全生产、增产增效、节材降耗、设备改造等方面的技术攻关和提合理化建议工作。在速效救心丸提取工序岗位上，为了钻研技术和确保生产，他19年如一日撰写工作日志达63万多字，详细记录车间设备的运转情况、生产中的经验诀窍、设备隐患问题及解决方案等，是车间创新立项《研究回收药渣中乙醇的新方法》的主要完成人，该项目2008年将乙醇消耗率降低到历史最低水平，创效133910元。他带领班组人员开拓创新，实施"原料跟踪方案"，并注重生产全过程管理，通过积累经验数据，定期分析总结，改进方法，在生产中摸索规律，有效地稳定了提取膏的收率和质量，为车间下道工序大幅度提高川芎提取物的收率，确保质量合格率100%，做出了重要贡献。张秀生同志先后提出"换循环水地下管路"、"降低提取车间耗电量"等多项合理化建议和技术改革方案，累计为企业创效286.1万元。同时，他还参加车间QC（质量管理）小组，2008年成果《降低提取车间耗电量》获全国医药质协一等奖，带领班组先后10余次荣获国家优秀QC小组奖、天津市优秀QC成果奖，在平凡的岗位彰显了医药优秀蓝领技师的贡献。

张秀生承担车间"导师带徒"项目，悉心传授多年来的工作技能和管理经验，经过他的言传身教，5位徒弟成绩出色，为车间储备了合格的人才。

（摘自中工网 http：//media. workercn. cn/tjgrb/2011_ 09/27/GR0401. htm）

2. 天津市"五一"劳动奖章获得者——赵新华

天津中新药业集团股份有限公司第六中药厂生产车间主任，中共党员，高级工程师。曾荣获 2009 年度天津市"五一"劳动奖章、2009 年度天津市优秀管理者、2009～2010 年度天津医药集团先进生产（工作者）称号。

她敬业爱岗，工作勤奋，能够大胆创新生产技术和管理模式，成功研

赵新华

制出具有自主知识产权的全自动多滴头的大型滴丸机组，提升了重点产品速效救心丸的核心技术，并将 5S 现场管理思想与滴丸生产过程控制相结合，摸索总结出一套具有示范作用和推广价值的现场管理模式，为提高企业科学管理水平做出了突出贡献。

（摘自中工网 http：//media. workercn. cn/tjgrb/2011_ 09/27/GR0401. htm）

3. 全国劳动模范——罗谋

（1）他有一丝不苟的强烈事业心　罗谋出身于罗甸县布依族一个农民家庭，一米六五个头，不善言语，敦厚朴实。1995 年 8 月从黔南卫校药剂专业毕业后，就安排到贵州神奇制药厂工作。1996 年 7 月，当得知家乡新建的贵州信邦制药招聘员工时，他毅然放弃在省城贵阳、拿高薪的制药岗位，走进信邦制药的大门。

初进公司时，他是一名不起眼的普通员工，由于安排专业对口，在颗粒制剂班里，他主动向技术员和专家学习，请教原理；长达 200 万字的《实用 GMP 培训教程》让他翻烂了，他能把《生产部通用 SOP 培训资料》和《一步制粒岗位标准操作规程》熟记于心。1997 年罗谋当上了班组长、高级技工，他深知肩上重任，对颗粒制剂操作规程中

罗谋

的温度、干燥度、硬度等，都认真记录、铭刻于心。

罗谋在这个岗位上一干就是 14 年，14 年来，他带领的班组一丝不苟、严谨细微，从未因工作而疏忽过，他的敬业精神和不折不扣的强大执行力，令员工们叹服。"我是吃信邦的饭长大的，我属于信邦，甘愿奉献一生！"罗谋说，"也许我是药剂出身的，我始终把设备视为我的饭碗，我很爱惜它，每当因为断电'砸锅'时，等于碗饭丢了，我的心很痛。"

一群"人"字形飞行的大雁，比具有同样体能而单独飞行的大雁多飞 70%的路程，每只大雁都因借助雁群的力量飞得更高，雁群也因每只大雁在自己的位置上奋力飞行才飞得更远。14 年来，罗谋率领的这支"雁阵团队"不仅保证了生产和质量的零失误，他还悉心带领员工，如今他带出的罗时杰等员工已升任班长……

秉承"精诚至信，众志兴邦，健康民众，发展民生"的信邦文化透浸到罗谋的骨子里迸发生机活力，他多次获得信邦制药"先进个人"和"先进工作者"，2005 年荣获了"贵州省劳动模范"。

（2）他是不遗余力的开拓创新者　作为制药"龙头"的颗粒制剂班，是物料流动性最大的部位，也是接受新药试验的关键车间。员工创新则企业创新。从 2002 年以来，公司每年都研发出一种新药品，而生产颗粒新药都要交给罗谋班组去完成。2007 年 12 月 6 日，公司研发并下达新药护肝宁片试验生产任务。"开始试产时，护肝宁片制粒硬度、片面光泽度不够，且易生裂片，达不到质量要求。"罗谋说，是设备还是工艺问题？在重重迷雾面前，"我有几个星期睡不好，天天在想，连做梦都梦见自己在车间里做试验……"经过两个多月 63 次的技术改进和实验，终于找到了解决的方法，达到了质量要求，完成了生产计划任务。

2008 年 3 月，公司对片剂和颗粒剂提出更高的要求：片剂崩解时限缩短；颗粒剂提高一次成品率，色泽均匀。罗谋深知，药品要提速崩解，关键在生产工艺。这项重任又落到了他的头上。从接到任务的那天起，罗谋凭借多年积累的经验，通过对所用原辅料的选型、原辅料的生产工艺等多方面的得出数据，又从精选原材料、改进工艺、改善物料性状等入手，通过几番几覆的试验，耗时达三个多月，终于找到一套解决的方案。

公司副总经理刘晓阳说："信邦有了罗谋这样不遗余力开拓进取的团队，目前拥有 6 项专利、9 项外观设计专利的所有权，另有 37 项专利申请已被国家知识产权局初审合格或受理。我们致力于心脑血管和消化系统而生产的片剂、胶囊剂、颗粒等 7 种剂型品种已达 44 个。"信邦制药因为有了罗谋这样一丝不苟的强大执行力和敬业精神的员工，才能在短短 15 年间，创造出从 100 多万元资产的小制药厂跳跃到贵州省龙头制药企业！

（摘自新华网 http：//www. gz. xinhuanet. com/ztpd/2010－09/28/content _ 21024333. htm）

4. 广州市劳动模范——陈月娥

陈月娥，广东新会人，出生于 1931 年 1 月 2 日，1952 年进入广州广东制药厂工作，1954 年 5 月加入中国共产党。1963 年进入天心制药厂（现广州白云山天心制药股份有限公司）工作，1986 年 3 月退休。1953 年担任车间安瓿制造封灌工人时改进了生产技术操作，大幅提高了产品产量及质量，于 1954 年被评为广州市第二届三等劳动模范。该同志事迹材料如下：

陈月娥

（1）生产方面　一年来她在生产上经常保持安瓿制造封灌工作的最高纪录，并且不断创造新纪录，由平时每日（八小时）生产 7000 支提高到 13500 支，超过了广州市所有药厂封灌产量最高纪录，推动了本厂其他封灌小组产量的提高，而且保证生产任务的完成。

（2）改良操作方法　她是本厂技术较高、封灌工作经验较丰富的一个熟练技工，但她并没有因经验丰富而保守自满，相反的，她经常与其他技术较低的同志研究操作改良方法，把自己的先进方法推广给其他小组，如封口工作，其他组以前是每封一支拉丝很长，她看到如此操作方法浪费工时，影响产量，就主动把自己的先进封口方法推广给其他同志，使其他小组封口产量普遍提高，由 5000 支提高到 6000 支，增加了 20%。

（3）带动群众方面　由于她能一贯保持产量提高，所以带动了其他同志都能不断提高。如有的小组每天平均产量 5000 支提高到 8000 支，有的小组 6000 支提高到 11000 支。

（4）遵守劳动纪律方面　一年来她从未有迟到、早退，也没有请过一次假，全年的出勤率为 100%（只有一次生病，在厂内休息两小时），平时能积极参加文化业务学习，提高自身水平；在生产上能一贯地遵守操作规程，因而经常保证产品质量符合规格，很少发生事故。

（摘自广药网 http://www.gpc.com.cn/news/2012/n76524778.html）

附　录

《中华人民共和国工人技术等级标准（医药行业）》部分技术等级标准

一、高级注射液调剂工

1.3 工艺技术知识

1.3.1 熟练掌握本剂型生产工艺流程及工艺要求。

1.3.2 全面掌握本工种岗位技术安全操作法及岗位标准操作程序。

1.3.3 熟练掌握本工种工艺质量控制点的要求及制订依据。

1.3.4 掌握本剂型成品率、灯检合格率、物料消耗等技术经济指标的制订依据及影响因素。

1.3.5 熟练掌握本工种生产过程中的异常情况和质量问题，如：色泽异常、呈现荧光、药液混浊、过滤不净等产生的原因及克服方法。

1.3.6 熟练掌握本剂型产品的商品名、别名、外文名、化学名和规格用途及判别方法。

1.4 设备知识

1.4.1 全面掌握本工种所用设备如配药罐、过滤器、输液泵等的工作原理、使用、维护保养及安全知识。

1.4.2 熟练掌握本工种使用的计量器具、仪表、仪器、电器的工作原理、精度、维护保养及安全知识。

1.5 原辅料、半成品知识

1.5.1 全面掌握本工种原辅料的作用、特点、选用原则及依据及判别方法。如：助悬剂、缓冲剂等。

1.5.2 全面掌握本工种半成品的理化性质、判别方法及贮存条件。

1.6 质量标准知识

1.6.1 熟悉本工种原辅料的质量标准及依据。

1.6.2 熟练掌握本工种半成品的质量标准、取样及检测方法

1.7 安全环保知识

1.7.1 熟悉本工种毒性、精神、麻醉原辅料、有机溶剂对人体的影响、防护知识、排放标准及对事故的处理方法。

1.7.2 熟悉本工种防火、防爆、防护及安全消防知识及安全对策。

1.7.3 熟练掌握安全生产、环境保护、劳动保护法规的有关知识。

1.8 生产管理知识

1.8.1 熟悉《药品生产质量管理规范》对本剂型的具体要求如i厂房设施、工艺布局、人员、原辅料、工艺卫生等。

1.8.2 熟悉全面质量管理知识及微机控制基本知识和操作方法。

1.9 其它相关知识

1.9.1 了解本剂型国内外新工艺、新设备、新材料、新技术的应用及发展情况。

1.9.2 掌握药理学、药物化学、分析化学、微生物学、机械制图的有关知识。

1.9.3 掌握本剂型的主要验证方法和目的。

2 技能要求

2.1 生产操作能力

2.1.1 全面掌握对本工种原辅料、半成品的判别能力。

2.1.2 全面掌握本工种的操作。

2.1.3 对本工种的岗位技术安全操作法和岗位标准操作程序提出改进意见和依据，并具有一定的编写能力。

2.1.4 有解决本工种各类技术质量问题，并提出改进措施的能力，如：药液混浊、呈现荧光等。

2.2 计算能力

2.2.1 根据处方熟练计算或复核投料量。

2.2.2 熟练掌握本剂型各项技术经济指标的计算与制订依据。如：物

料消耗、成品率、优级品率、灯检合格率等。

2.2.3 有本剂型各类设备生产能力、物料平衡的计算能力。

2.3 识图绘图能力

2.3.1 绘制本剂型带工艺质量控制点的生产工艺流程图。

2.3.2 绘制本剂型设备平面布置图。

2.3.3 看懂本工种设备安装施工图。

2.4 工具设备使用维护能力

2.4.1 根据生产工艺要求对本工种非标设备提出技术条件和整型建议。

2.4.2 有排除本工种主要设备故障及一般维修能力。

2.5 异常情况应变处理能力

2.5.1 有发现和排除生产过程中各种事故隐患的能力。

2.5.2 有分析本工种各类事故，提出改进措施、预防方法的能力。

2.6 生产管理能力

2.6.1 按《药品生产质量管理规范》的要求组织本剂型的生产，并提出工房改造、设备安装、工艺布局的要求。

2.6.2 对全面质量管理及其它现代化管理方法有应用能力。

2.6.3 熟练地指导初、中级工操作，并传授技术和经验。

2.6.4 有分析本工种技术、质量问题和总结生产情况的能力。

2.7 技术改进能力

2.7.1 有对本剂型产品存在的质量问题进行课题设计和试制能力。

2.7.2 有对本工种的工艺、设备提出改进、革新、挖潜的建议，并有总结推广先进经验的能力。

2.7.3 组织本工种设备中、大修的验收及正常投产。

2.8 其他相关能力

2.8.1 掌握本剂型相关工种的工艺操作。

2.8.2 有查阅本剂型有关的国内外资料的能力。

2.8.3 参加本剂型验证工作。

二、高级水针剂灌封工

1.3 工艺技术知识

1.3.1 熟练掌握本剂型生产工艺流程及工艺要求。

1.3.2 全面掌握本工种岗位技术安全操作法和岗位标准操作程序。

1.3.3 熟练掌握本工种工艺质量控制点的要求、作用及制订依据。

1.3.4 掌握本剂型的技术经济指标，如：成品率、灯检合格率等的制订依据及影响因素。

1.3.5 熟练掌握本工种生产过程中的异常情况和质量问题的原因及克服方法。如：药液变色、pH 值不合格等。

1.4 设备知识

1.4.1 全面掌握本工种洗瓶、干燥、灌封、过滤设备及附件的工作原理、使用、维护保养及安全知识。

1.4.2 熟练掌握本工种计量器具、电器、仪器、仪表的工作原理、使用、维护保养及安全知识。

1.5 原辅料、包装材料、半成品知识

1.5.1 掌握安瓿的理化性质、选用原则及依据。

1.5.2 全面掌握本工种用药液、清洗剂、消毒剂、惰性气体的理化性质、鉴别及贮存方法。

1.6 质量标准知识

1.6.1 熟练掌握安瓿的技术要求、质量标准及检测方法。

1.6.2 全面掌握车工种半成品的质量标准及检测方法。

1.6.3 全面掌握纯水的质量标准及检测方法。

1.7 安全环保知识

1.7.1 熟悉本工种生产过程中煤气、氧气、惰性气体防火、防爆及安全消防知识及对策。

1.7.2 熟练掌握有关安全生产与环境保护、劳动保护法规知识，了解三废排放规定。

1.8 生产管理知识

1.8.1 熟悉《药品生产质量管理规范》对本剂型的具体要求，如：厂房设施、工艺布局、人员、原辅料、卫生等。

1.8.2 熟悉全面质量管理知识及微机控制的基本知识和操作方法。

1.9 其它相关知识

1.9.1 了解本剂型国内外生产的新工艺、新设备、新材料、新技术的应用及发展情况。

1.9.2 掌握药理学、药物化学、分析化学、机械制图、电工原理的有关知识。

1.9.3 掌握本剂型的主要验证方法和目的。

2 技能要求

2.1 生产操作能力

2.1.1 全面掌握本工种的操作。

2.1.2 全面掌握本工种半成品外观质量的判别方法。

2.1.3 对本工种岗位技术安全操作法和岗位标准操作程提出改进意见及依据，并具有一定的编写能力。

2.1.4 有解决本种各类工艺质问题并提出改进措施的能力，如：药液变色、异物混入、装量失控等。

2.2 计算能力

2.2.1 熟练计算本剂型各项技术经济指标，如：物料消耗、成品率、优级品率、安瓿利用率等。

2.2.2 有本剂型各类设备生产能力、物料平衡的计算能力。

2.3 识图绘图能力

2.3.1 绘制本剂型带工艺质量控制点的生产工艺流程图。

2.3.2 绘制本剂型单体设备简图、设备平面布置图。

2.3.3 看懂本工种设备安装施工图。

2.4 工具设备作用维护能力

2.4.1 根据生产工艺要求对本工种非标准设备提出技术条件和定型的能力。

2.4.2 有排除本工种主要设备故障及一般维修的能力。

2.5 异常情况应变处理能力

2.5.1 有发现和排除本工种生产过程中各种事故隐患的能力。

2.5.2 有分析本工种各类事故，提出改进措施、预防方法的能力。

2.6 生产管理能力

2.6.1 按《药品生产质量管理规范》的要求组织本剂型的生产，并提出工房改造，设备安装、工艺布局要求等合理化建议。

2.6.2 对全国质量管理及其它现代化管理方法有应用能力。

2.6.3 熟练地指导初、中级工操作，并传授技术和经验。

2.6.4 有分析本工种技术质量问题和总结生产情况的能力。

2.7 技术改进能力

2.7.1 具有对本剂型产品存在的质量问题进行课题设计和试制的能力。

2.7.2 对本工种的工艺、设备提出改进、挖潜、革新的建议，并有总结推广先进经验的能力。

2.7.3 能组织本工种设备中、大修后的验收试车投产。

2.8 其它相关能力

2.8.1 掌握本剂型相关工种的工艺操作。

2.8.2 有查阅本剂型有关的国内外资料的能力。

2.8.3 有参加本剂型验证工作的能力。

三、高级药物配料、制粒工

1.3 工艺技术知识

1.3.1 熟练掌握本剂型生产工艺流程及工艺要求。

1.3.2 全面掌握本工种的岗位技术安全操作法和岗位标准操作程序。

1.3.3 全面掌握本工种原辅料预处理、配料、制粒的原理、特点、各种方法及步骤。

1.3.4 熟练掌握本工种工艺质量控制点，如细度、含量、溶出度、均匀度等作用及建立依据。

1.3.5 全面掌握本工种生产过程中的异常现象及质量问题的起因及克服方法。

1.3.6 掌握本工种半成品的理化参数变化对产品质量的影响，并能提出相应的预防措施。

1.3.7 掌握本剂型的技术经济指标及制订的依据和影响因素。

1.4 设备知识

1.4.1 熟练掌握本工种设备及其附件的材质、基本构造、工作原理、使用、维护保养及安全知识。

1.4.2 熟练掌握本工种使用的计量器具、电器、仪器、仪表如电子秤、电脑器、溶出仪等的型号、规格、性能、工作原理、使用、维护保养及安全知识。

1.5 原辅料、半成品知识

1.5.1 熟练掌握本工种原辅料、赋形剂特性、作用、理化性质及其鉴别方法，选用原则、依据和贮存条件。

1.5.2 熟练掌握本工种生产品种的名称、商品名、化学名、外文名及其规格、用途、理化生质、鉴别及贮存方法。

1.6 质量标准知识

1.6.1 全面掌握本工种所用原辅料的质量标准、检测项目、检测方法。

1.6.2 掌握本工种半成品的取样方法、质量标准、检测项目及分析方法。

1.6.3 了解本剂型其它工种半成品及成品的质量标准和检测项目。

1.7 安全环保知识

1.7.1 掌握本工种生产过程中的防火、防护、防爆安全消防知识及安全防范措施。

1.7.2 掌握本工种生产中的毒性、精神、麻醉、刺激性原辅料对人体的影响及防治知识。

1.7.3 熟悉本工种三废的排放规定以及处理方法。

1.7.4 全面掌握安全生产、环境保护法规、劳动保护及工艺卫生等知识。

1.8 生产管理知识

1.8.1 熟练掌握本工种的传统经验管理方法。

1.8.2 熟练掌握《药品生产质量管理规范》的内容以及对本剂型的具体要求，如操作人员、厂房设施、工艺卫生等。

1.8.3 熟练掌握全面质量管理及微机控制的基本知识及操作方法。

1.9 其它相关知识

1.9.1 掌握本剂型有关的药物化学，分析化学，微生物学机械制图、电工原理等知识。

1.9.2 了解国内外本剂型有关新工艺、新技术、新材料、新设备的应用和发展。

1.9.3 了解本剂型产品的市场信息。

1.9.4 掌握本剂型验证的要求及方法。

2 技能要求

2.1 生产操作能力

2.1.1 全面掌握本工种操作，并能对岗位技术安全操作法和岗位标准操作程序提出改进意见，并有参与编写的能力。

2.1.2 有解决本工种工艺质量问题的能力，并提出改进措施。

2.1.3 全面掌握本工种原辅料、半成品、成品的判别方法。

2.2 计算能力

2.2.1 熟练掌握本剂型设备生产能力的计算和物料换算。

2.2.2 熟练掌握单位效价与含量换算。

2.2.3 熟练掌握本剂型各项技术经济指标的计算。

2.3 识图绘图能力

2.3.1 绘制本剂型工艺流程示意图和本工种带有工艺条件、工艺控制点的工艺流程图。

2.3.2 绘制本剂型设备平面布置图。

2.3.3 看懂设备零件图、设备安装施工图。

2.4 工具设备维护使用能力

2.4.1 排除本工种主要设备故障并具有一般的维修能力。

2.4.2 根据生产工艺要求，具有对本工种非标准设备提出定型的能力。

2.5 异常情况应变处理能力

2.5.1 能发现和排除本工种生产过程中设备、生产、安全等事故隐患。

2.5.2 分析处理各类事故、提出改进措施。

2.6 生产管理能力

2.6.1 按《药品生产质量管理规范》和标准操作程序组织本剂型生产，并提出厂房、设备安装、工艺布局等的要求和建议。

2.6.2 对全面质量管理及其它现代化管理方法具有应用能力。

2.6.3 具有分析本工种技术质量问题和总结生产情况的能力。

2.6.4 指导中级工操作、传授技术和经验。

2.7 技术改进能力

2.7.1 对本工种工艺、设备和生产工具提出革新改进意见及有总结推广先进经验的能力。

2.7.2 具有提出和组织本工种的设备、生产设施进行中大修、施工验收、试车和正常投产的能力。

2.7.3 具有对本剂型产品所存在的质量问题进行课题设计和试制的能力。

2.8 其它相关能力

2.8.1 掌握本剂型其它相关工种的操作。

2.8.2 有查阅国内外与本剂型有关资料的能力。

2.8.3 参与本剂型主要验证工作。

四、高级片剂压片工

1.3 工艺技术知识

1.3.1 熟练掌握本剂型的生产工艺流程及工艺要求。

1.3.2 全面掌握本工种岗位技术安全操作法和岗位标准操作程序。

1.3.3 全面掌握本工种各种压片方法及特点。

1.3.4 熟练掌握本工种工艺质量控制点的要求和作用及建立依据。

1.3.5 熟练掌握本工种生产过程中的各种异常现象和质量问题的原因及克服方法。

1.3.6 熟练掌握本工种半成品物理参数变化对产品质量的影响，并能提出相应的防范措施。

1.3.7 熟练掌握本剂型技术经济指标及其影响的因素和制订依据。

1.4 设备知识

1.4.1 全面掌握本工种设备与附件如一般压片机、高速压片机的材质、基本构造、工作原理、使用、维护、保养及安全知识。

1.4.2 熟练掌握本工种的计量器具、电器、仪器、仪表，如电子秤、电脑控制器、溶出仪的名称、型号、贵和、性能、工作原理、使用、维护保养及安全知识。

1.4.3 熟练掌握本工种各种冲模规格精度、硬度等及检查与测量方法。

1.5 原辅料、半成品知识

1.5.1 熟练掌握本工种颗粒、粉末所用原辅料的特性、主要理化性质，如水分、细度等，及判别方法和贮存条件。

1.5.2 熟练掌握本工种半成品的名称、商品名、化学名、外文名、规格、用途、理化性质、判别及贮存方法。

1.6 质量标准知识

1.6.1 全面掌握本工种的原辅料、半成品、成品的各项质量标准、技术要求及检测方法。

1.6.2 掌握本工种半成品和成品的取样方法、检验项目及分析方法。

1.7 安全环保知识

1.7.1 掌握本工种生产过程中的防火、防护、防爆及安全消防知识及安全防范措施。

1.7.2 掌握本工种毒性、精神、麻醉刺激性等原辅料对人体的主要影响以及防治知识、排放规定及对事故的处理方法。

1.7.3 熟练掌握有关安全生产与环境保护法规知识。

1.7.4 熟练掌握劳动保护及工艺卫生知识。

1.8 生产管理知识

1.8.1 掌握本工种的传统管理方法、经验及有关相应知识。

1.8.2 熟练掌握《药品生产质量管理规范》的内容，对本剂型的具体要求如人员、厂房、设施、卫生等。

1.8.3 熟练掌握全面质量管理及微机管理的基本知识和操作方法。

1.9 其它相关知识

1.9.1 掌握本剂型产品的药理、药物化学知识及其微生物学、机械制图、电工原理、计算机等有关知识。

1.9.2 掌握本剂型主要原辅料及新辅料和产品的国内外市场信息。

1.9.3 掌握本剂型的主要验证方法及目的。

1.9.4 了解本剂型国内外新工艺、新技术、新设备的应用情况及发展趋势。

2. 技能要求

2.1 生产操作能力

2.1.1 全面掌握本工种的操作，并能对岗位技术安全操作法及岗位标准操作程序提出改进的意见和参与编写。

2.1.2 熟练解决本工种质量问题及提出生产工艺整改措施。

2.1.3 熟练掌握对本工种所用的颗粒或粉末、半成品、成品的判别，并熟知本工种产品质量对后工序质量的影响。

2.2 计算能力

2.2.1 根据分析结果熟练计算片重，调节片重，并对片重差异进行统计分析，绘制分析图。

2.2.2 熟练掌握本工种各类设备生产能力的计算和物料换算。

2.2.3 熟练掌握本剂型技术经济指标的计算方法与制订依据。

2.3 识图绘图能力

2.3.1 绘制片剂生产工艺流程图和本工种带有工艺条件、工艺控制点的工艺流程图。

2.3.2 绘制本剂型设备平面布置图。

2.3.3 看懂设备零件图、设备流程图及设备安装施工图。

2.4 工具设备使用维护能力

2.4.1 排除本工种主要设备故障，并具有一般维修能力。

2.4.2 根据工艺要求具有对本工种非标准设备的定型的能力。

2.5 异常情况应变处理能力

2.5.1 能发现和排除本工种事故隐患。

2.5.2 能分析各类事故、提出改进措施。

2.6 生产管理能力

2.6.1 根据《药品生产质量管理规范》要求，组织本剂型生产并提出合理化建议。

2.6.2 对全面质量管理及其他现代化管理方法有应用能力。

2.6.3 具有分析本工种技术、质量问题及总结生产情况的能力。

2.6.4 指导中初级工操作、传授技术和经验。

2.7 技术改进能力

2.7.1 对本工种的工艺、设备提出革新、改进意见并能总结推广先进经验。

2.7.2 实施本工种小试验和现场试验。

2.7.3 有提出和组织对车工种设备或生产设施进行大、中修施工、验收、试车和正常投产的能力。

2.8 其他相关能力

2.8.1 掌握本剂型其他工种的生产工艺操作。

2.8.2 有查阅本剂型国内外有关资料的能力。

2.8.3 参与本剂型主要验证工作。